多通道投影图像智能校正关键技术研究与应用

张凤 王发斌 著

清華大學出版社
北京

内容简介

本书对多通道投影图像智能校正关键技术进行了深入研究，详细地探究了由投影仪和相机等设备构成视觉系统的成像机制，着重分析相机成像特征化模型与投影仪显示数理模型。通过研究自然介质的深度和纹理对多通道投影图像的影响机制，提出自然介质上多投影图像几何校正模型和颜色补偿方法，阐明理想视点和移动视点与投影介质、投影装置之间的内在规律，设计多通道投影图像的智能校正新方法，突破投影仪、投影介质、观看视点的束缚，以保证在任意形状、纹理和大小的自然介质上观看到几何与颜色都符合视觉要求的理想图像。

本书可供计算机视觉、数字图像处理等相关专业领域的科研人员、高校师生参考使用。

图书在版编目(CIP)数据

多通道投影图像智能校正关键技术研究与应用 / 张凤，王发斌著. -- 北京 ：清华大学出版社，2024. 8.
ISBN 978-7-302-67000-1

Ⅰ. TP751

中国国家版本馆 CIP 数据核字第 2024KC0620 号

责任编辑：颜廷芳
封面设计：刘　键
责任校对：李　梅
责任印制：杨　艳

出版发行：清华大学出版社
　网　　址：https://www.tup.com.cn，https://www.wqxuetang.com
　地　　址：北京清华大学学研大厦 A 座　　**邮　　编**：100084
　社 总 机：010-83470000　　**邮　　购**：010-62786544
　投稿与读者服务：010-62776969，c-service@tup.tsinghua.edu.cn
　质量反馈：010-62772015，zhiliang@tup.tsinghua.edu.cn
印 装 者：三河市龙大印装有限公司
经　　销：全国新华书店
开　　本：185mm×260mm　　**印　　张**：6.75　　**字　　数**：151 千字
版　　次：2024 年 8 月第 1 版　　**印　　次**：2024 年 8 月第1 次印刷
定　　价：29.00 元

产品编号：104671-01

前言

多通道投影技术一直是计算机图形学、虚拟现实等应用领域的研究热点。利用多通道投影系统可以让规模宏大的复杂场景实现高真实感显示，并在商业、军事、教育和科研等领域都有着广泛的应用。然而目前的投影技术虽然可以将图像投影于各类投影表面，从而获得较理想的观看效果，但是当投影表面是自然介质时，这类投影系统不仅十分昂贵，而且一旦投影表面发生改变，就需要对投影设备进行严格的调整，甚至需要更换新的投影设备。因此，在自然介质表面上实现多通道投影图像几何畸变校正和颜色补偿是投影技术发展过程中遇到的重要挑战和难题。

本书探索性地分析了多通道投影技术的最新相关理论和方法，在自然场景的三维点云去噪与修补、投影图像的几何畸变校正、投影图像的颜色补偿等方面提出了一些创新性的思路和方法，使投影仪能够自适应感知畸变映射关系，从而实现投影图像在不同投影场景中的可视化显示。

本书共分 7 章，第 1 章为绪论，重点介绍了本书的研究目的及意义，对国内外学者在多通道投影几何校正技术和颜色校正技术的研究进展和相关的工作进行了较全面的分析，并归类了当前相关技术存在的问题，最后对研究内容和全文组织结构进行介绍。第 2 章为多通道投影图像智能校正的基础理论，深入地分析了投影仪相机系统的成像原理，对相机数字图像成像特征化模型与投影仪工作数理模型两部分进行了重点探讨研究；探索自然投影介质的深度感知规律，建立多通道点云间的映射关系，形成自然投影介质的深度感知机制；研究自然介质的纹理材质的采集和特征提取方法，建立自然投影介质的纹理材质光学特性模型，阐明自然投影介质的纹理材质对图像的影响机理。第 3 章为三维点云数据处理，通过分析三维点云数据的噪声类型，基于顶点亮度、位置与法向的双边滤波器对点云进行分类去噪；针对实时性要求较高的点云去噪应用提出改进的基于深度学习的点云去噪算法；针对点云数据中存在的孔洞问题，将基于三角网格模型的孔洞边界提取算法与通过新增三角片完成孔洞修补算法有效结合，实现对形状复杂和表面变化较大的模型完成修补；提出基于 RL-GAN 网络的实时点云修补算法，实现不完整点云的实时修补，使部分有噪声点云数据转换成高保真性的完整形状点云。第 4 章为移动视点的智能投影几何校正，针对观察者在不同视角下观察自然介质投影表面时视觉效果的不同，提出了一种与视点无关的自然介质曲面上投影的几何校正算法，该算法首先确定理想观看区域的理想视点，在理想视点下建立目标校正平面；基于深度相机进行人体头部定位追踪，算出移动视点与理想视点的变换矩阵集合，建立新视点下的校正平面，实现自然投影曲面的移动视点几何校正；通过求解特征图像的几何畸变率，实现几何校正效果评估自动化。第5章为基于深度学习的投影颜色补偿，深入分析了深度学习中卷积神经网络的应用，针对在自然介质表面投影时显示画面发生的形变、纹理色彩和场景环境光干扰等对投影显示画面造成的色彩偏差问题，提出了基于深度学习的投影图像颜色补偿方法及全补偿方法；通过卷积网络的多次卷积特征提取，投影显示图像与真实图像可以进行丰富的多层次交互，学习捕获投影表面的光度和颜色纹理信息，从而实现投影颜色补偿；改进了 CompenNeSt＋＋网络，实现了更高质量的投影全补偿效果。第6章为多通道投影一致性的综合校正，探讨多投影仪在自然场景下投影的系统结构中，面临的多投影仪光学差异，分析了显示设备的差异机制，对多投影仪的光学差异一致性进行了校正；针对多通道投影图像的重叠区域亮度不一致问题，提出了多通道投影图像重叠区域的亮度融合校正；概述智能多通道投影系统的设计及开发流程。第7章为结论与展望，对本书研究内容进行了总结，并对未来相关技术的发展趋势进行展望。

首先对恩师杨华民教授表示最诚挚的谢意，他循循善诱的学术教导和不拘一格的科研思路给予了作者珍贵的启迪。借此书完成之际，谨向杨老师致以最衷心的感谢和崇高的敬意。

其次要感谢韩成教授。韩教授的理想主义和认真的治学精神深深地感染了我，他在我研究工作的关键时刻给予了最宝贵的建议。在他的指导下，我才能够在工作上独当一面，并独立承担科研任务。

感谢我的女儿和爱人多年以来的支持和鼓励，感谢我的父母、家人们，给予我生命并成就幸福的人生。感谢特种电影技术及装备国家地方联合工程研究中心的各位老师和同学们，张超老师、姜珊、张同舟、张玉强、徐超、卢时禹、乔瑶瑶、张天宇、许鸣娜和朱超然等所有师兄弟姐妹们给予了我无私的帮助。

本书得到吉林师范大学学术著作出版基金资助。

限于作者水平有限，难免存在不足之处，恳请读者批评指正，以便进一步修改完善。

著　者

2024年3月

目 录

第1章 绪 论

1.1 研究的目的和意义

多通道投影系统是通过将多个投影仪投射出的图像拼接后组成的超大尺寸、超高分辨率、高沉浸感画面的一种显示系统，其成本低且可扩展性强，满足了人们对大型显示系统不断增长的需求。经过多年不断发展的多通道投影系统在军事、商业、医疗、教育和科研等[1-4]很多领域已经有了广泛的应用，如图1.1所示。为了实现多个投影画面能够无畸变、无色差高真实感显示，使观众有更好的沉浸感，首先需要对其进行几何畸变校正，然后进行颜色补偿和亮度融合。传统的几何校正和颜色补偿需要一些昂贵的设备和大量的人力投入用于搭建并维护系统[5]。目前，很多学者对图像的畸变校正、颜色补偿和拼接融合等技术进行着不断的研究，一些成果不仅可以应用于规则的投影表面，也可以应用于各种异形幕[6-8]。但现有的自动几何校正和颜色补偿算法虽然解决了手动校正方法存在的一些问题，但其鲁棒性并不高，而且外界的各种不定因素不可避免地影响着投影校正效果，甚至会直接导致校正的失败。

图1.1 多投影系统在各领域的应用

对投影到自然介质上的多通道图像的畸变校正和颜色补偿是投影显示领域中极具挑战性的难题。目前虽然国内外研究学者已经进行了广泛的研究并取得了相应的成果，但当面临与视点无关的自然介质表面的复杂投影场景时，现有方法还存在以下需要解决的问题。

(1) 获取投影表面精确的几何深度信息是进行几何畸变投影校正的基础。与多通道环幕或者其他规则的投影曲面不同，在复杂的非规则投影介质表面进行投影时无法通过参数拟合获取不同深度区域内的几何拓扑信息，所以可以通过三维重建来获取自然介质表面的拓扑结构。对于目前使用消费级的深度相机进行投影表面深度信息获取的方式来说，由于测量范围和深度相机分辨率的限制等复杂因素的影响，难以精准获取投影介质的三维点云信息。因此，如何提高三维点云的精度需要进一步的深入研究。

(2) 在投影表面为有规律的简单曲面时，对于可以被参数化表述的曲面通过建立近似数学模型来实现预投影图像与投影曲面的像素映射。然而在自然介质的表面上投影时，不同深度区域和投影面之间的映射关系是不同的，就需要建立预投影图像和不同投影区域的映射关系，从而实现投影画面的几何畸变校正。因此，当在不规则的自然介质上投影且无法构建数学模型实现映射时，如何摆脱以摄像机为基准的视点校正，实现与视点无关的投影几何校正，是要研究解决的问题。

(3) 当投影到自然介质表面时，会存在投影介质自身的纹理干扰与环境光照的干扰，使得投影图像最终呈现的效果出现严重的色彩偏差，影响投影观看效果，甚至导致人眼视觉无法正确感知和理解图像的内容问题。只在传统的标准理想漫反射的白色幕布上的投影一定程度上限制了投影系统的灵活性和普适性。因此如何在投影介质有纹理色彩和环境光干扰情况下对投影图像进行颜色补偿校正，同时减少环境光照对投影色彩的影响，需要进一步探索和研究。

(4) 目前多通道投影系统多是在固定的规则投影表面上进行部署的，而且在实际实施中也多是利用价格比较高的硬件设备来调整预投影画面的色度，以寻求实现所有投影仪画面的亮度一致性，这样的应用条件使得多通道投影技术的灵活性和扩展性受到限制。当使用多投影仪进行多通道投影时，也会因投影介质存在分区域的几何拓扑差异性，从而在相邻投影仪的投射区域重叠时存在亮度融合问题和不同投影仪存在亮度差异问题。

以上问题使多通道投影技术的智能化系统安装与扩展维护受到了限制，因此有必要通过研究进而改善多通道投影校正领域存在的一些不足。通过对自然介质和移动观看视点对多通道投影图像影响机制的探究，阐明在自然介质上多通道投影图像校正模型以及移动观看区域、移动视点与投影介质、投影装置之间的内在规律，设计多通道投影图像的智能校正新方法，突破投影仪、投影介质、观看视点的束缚，以保证在任意形状、纹理和大小的自然介质上观看到符合视觉要求的理想图像，最终，形成多通道投影图像畸变校正的原理、方法，建立多通道投影校正模型。通过改善投影系统的性能，进而使多通道投影技术可以在更复杂的场景进行应用推广，有利于加快我国文化娱乐、计算机服务、制造业、教育、电子信息等行业的发展；对促进计算机图形学、虚拟现实、图像处理、机器视觉等学科的融合发展，具有较为重要的现实意义。

1.2 相关技术的国内外研究现状

1.2.1 三维点云去噪与修复

对在自然投影介质上的投影进行几何校正需要依赖于投影介质的三维深度信息。近年来随着三维采集技术及装备的发展,三维采集装备从传统的、具有高精度的接触式采集逐渐演变为非接触式三维采集。由于非接触式的三维采集设备的精度和硬件特性等因素,直接采集的数据往往带有噪声,需要对点云数据进行去噪和修补。

目前国内外的学者针对点云去噪问题做了深入研究,根据点云模型自身的几何特征研究出了许多点云去噪算法。这些点云去噪算法的基本思想都是建立在一些数字图像去噪算法和当前已经发展得较为成熟的网格模型基础上的,比如经典的拉普拉斯算法、高斯滤波算法、双边滤波算法和平均滤波算法等。国内外学者对这些算法进行了结合或改进,从而提出了更为有效的一些算法,吴禄慎等[9]提出一种基于三维点云特征信息分类的去噪算法,应用了邻域距离平均滤波算法和自适应双边滤波算法对不同的噪声进行去噪滤波;Li 等[10]将拉普拉斯算子应用于点云模型中,但实践证明该算法有时会导致点云过光顺处理的情况,而且因为顶点不是法向移动,最后会产生顶点漂移;Collet 等[11]为点云模型创建了移动最小二次曲面,然后将噪点逼近这个二次曲面,以达到降噪目的;王丽辉[12]设计了一种改进的双边滤波点云去噪算法,该算法是基于模糊 C 均值聚类的,能在去噪的同时保留点云的尖锐特征;鲁冬冬等[13]提出了基于三维激光扫描技术的统计滤波和半径滤波算法;李仁忠等[14]提出了一种结合多种滤波的去噪算法,其中包括直通滤波、改进的双边滤波、半径滤波、统计滤波、体素栅格滤波等;卢钰仁等[15]提出了基于法向量修正的双边滤波算法。对于这些算法,如何根据使用场景与输入数据自适应地选择最佳的参数将是今后改进的核心,它们在本质上都是通过在一定方向上对离散点进行适当地移动,以达到模型去噪的目的,但同时也不可避免地改变了原始点云中各数据点真实存在的位置。因此,并不适用于对精度、数据真实性等细节方面有一定要求的场景。对此,国内外学者提出了一些满足一定精度的算法,朱广堂等[16]提出了一种基于移动的最小二乘法曲率特征的点云去噪算法;崔鑫等[17]提出了一种基于点云特征信息的加权模糊 C 均值聚类去噪算法。上述算法存在一个共同点,它们都是基于原始点云数据自身的几何特征提取,仅仅依靠这个单一特征的点云去噪算法很难在真正意义上实现较高精度的滤除噪声数据。近年来,有研究者提出将深度学习方法扩展到点云去噪的研究中。Zeng 等[18]提出利用基于斑块的图拉普拉斯正则化器逼近在连续域中定义的流形维数计算,并提出了一种新的利用离散补丁距离度量来量化两个相同大小的曲面补丁之间的相似性,从而对噪声具有一定的鲁棒性;Hu 等[19]研究了运用特征图学习的方法进行点云去噪,假设每个点都有相关的特征,用马氏距离矩阵作为变量,将问题表述为图拉普拉斯正则化的最小化,为了实现快速计算,减少了全矩阵分解和大矩阵转换,取得了良好的效果。无论是国内还是国外,学者都致力于研究出一种复杂程度低但是执行效率高,在有效去除点云噪声的同时又能够保持初始点云数据最原始特征信息的去噪算法，而对算法的综合评价除了对成像结果的一些主观上的对比之外应该有一个更为客观的标准，因此这种定量、定性的评判方法也逐渐成为学者研究的热点内容。

传统的三维点云孔洞修补的算法主要可以分为两大类，一类是在将三维点云进行三角网格化的基础上，根据网格特点提取孔洞边界，再利用其他算法对孔洞进行修补。Jun[20]提出了一种在填补孔洞前先将复杂孔洞分割成多个简单孔洞的算法，但这一算法在填补孔洞的过程中不能掌握点云的整体结构特征，最终导致鲁棒性不足。张洁等[21]使用迭代的方法对填补网格不断细化和对几何形态进行调整。Zhao 等[22]应用波前法先简单生成初始网格，之后再根据边界的三角网格法向量对新增的网格进行优化，但是当一些区域有丰富的特征时该算法表现不理想。Bruno[23]在对点云存在的孔洞填补时先将网格模型参数化到一个平面上，但参数化过程降低了效率。Brunton 等[24]对此算法进行了改进，仅将存在孔洞的边界网格参数化到平面上，然后对孔洞进行填补。王小超等[25]利用边界点法向信息进行合理计算新增顶点的位置。Wang 等[26]提出针对有尖锐特征缺失的孔洞的情况先提取点云的特征点然后再进行填补。另一类是基于体的点云修补方法，Davis 等[27]把网格模型先用距离函数零值曲面表示，然后通过体扩展对孔洞进行填补。Nooruddin 等[28]用光纤投射和投票的方法先将有孔洞的模型转换成体表示的模型，在此基础上再提取出一个连续的曲面。Ju[29]利用八叉栅格法对复杂孔洞进行填补，但对于有尖锐特征的情况无法实现完全修补。Vinacua 等[30]提出用体元素集合来提取一个连续曲面。以上所述基于体的孔洞填补算法在应用时存在改变原有的关联信息的可能性。

在传统方法中点云修补主要是指通过一定的先验信息对缺失点云进行修补，这些先验信息为物体的基础结构信息，比如对称性信息和语义类信息。传统方法一般用于处理一些结构特征十分明显的缺失点云。近年来深度学习得到了越来越多的关注。虽然深度学习在图像处理领域得到了广泛的应用，但由于点云在空间上分布很不规则，将深度学习扩展到点云数据并不简单。虽如此，但科学家利用深度学习进行三维点云处理的尝试从未停止。最近已经提出了许多专门处理点云数据的方法。PointNet 是这一领域相关的工作之一。它直接在点云数据上应用深度学习模型，结合了点云的多层感知器和对称聚合函数，实现了置换不变性和对噪声的鲁棒性，这是在点云上进行有效学习的必要条件[31]。在 PointNet 的基础上还产生了很多扩展。PointNet 对所有点云数据提取了一个全局的特征，基于此 PointNet＋＋对 PointNet 进行了改进，PointNet＋＋在不同尺度下提取局部特征，然后再通过多层网络结构获取深层特征[32]；PCPNet 用于法线和曲率估计，为了将全局特征改成局部特征，对 PointNet 进行了许多的改进[33]；P2P-net 用于跨域点云变换，它的体系结构是双向点位移网络，利用从数据中获取的逐点位移向量，将源点集与具有相同基数的目标点集进行互相转换[34]。

1.2.2　投影图像几何畸变校正

几何畸变校正是指通过投影仪与投影表面之间的对应映射关系对预投影图像进行几何形态的改变，使最终在投影介质上呈现的投影画面近似于目标投影图像。对于平面和非平面的投影表面，几何畸变校正的方法是完全不同的。对于平面投影的几何畸变校正，Zhao等[35]提出预处理计算投影仪与投影表面的对应关系，然后用贝塞尔插值并附加约束条件优化理论进行校正畸变的投影图像，因为需要做预处理，所以该方法不能满足实时投影系统的要求。为了实现投影仪投影图像的实时几何畸变校正，李兆荣等[36]提出了投影仪可移动的情况下的梯形校正方法，这一方法不需要增加任何标记，可以在任意普通的平面上自由投影；北京理工大学王涌天教授的研究团队[37]提出了一种新颖且简单的实时连续的梯形校正方法，该方法提出使用RGBD相机预估投影仪与屏幕之间的相对位置，然后对投影图像进行梯形校正。对于非平面投影的几何畸变校正，通过对投影图像进行非线性校正，不仅可以实现随时随地的自由投影，同时能够增强多媒体艺术的感染力。Park等[38]提出了一种在非理想投影表面上投影图像的离焦和几何畸变的校正方法。为了在弯曲投影表面上提供无失真图像，用相机捕获投影图像以估计失真。为了补偿投影仪与投影面之间距离变化引起的散焦，利用薄透镜模型对投影仪的空间点扩散函数进行建模。在校正几何畸变的同时，利用空间变化的点扩散函数对离焦进行补偿。采用点扩散函数模型，以投影仪到投影面之间的距离为参数，简单而准确。如图1.2所示为投影使用的实验设置。

图1.2　投影实验装置

非平面投影与平面投影的差异在于平面投影显示画面分辨率畸变差异性较少，而非平面投影区域易导致投影分辨率发生扭曲畸变。传统的二维平面投影几何校正方式在非平面投影区域中不具备通用性。为了能够获取非平面投影表面与投影图像的映射关系，Chao等[39]采用投影棋盘格图案的方式对投影图像进行畸变校正处理，即通过优化检测棋盘格角点，建立投影仪图像和摄像机图像之间的像素映射关系以进行几何校正，但是该方法受限于投影特征角点与投影曲面遮挡的影响。为了解决传统的密集采样对投影校正带来的复杂度问题，Boroomand等[40]提出了显著性引导的投影几何校正方法，其通过系统参数获取投影表面的几何形状，并用来补偿因非平面投影表面产生的图像几何失真。为了降低几何校正的复杂性，采用了结合局部表面显著性选择一组特征点进行几何校正估计的方法。

由于自然投影介质表面的几何拓扑结构和纹理信息十分复杂，建立自然介质与投影图像之间的映射关系较困难，如果能够通过获取自然介质的深度信息，则可为观看者提供一个理想的观看区域。深度相机不仅具备传统相机的功能，且能够实时获取投影表面的三维结构[41,42]。深度相机中应用比较有代表性的为微软公司开发的 Kinect，Kinect 凭借价格低廉、功能强大、轻巧简单及源码开源等特点得到了广泛的应用[43,44]。Tan 等[45]利用深度相机实现了动态增强现实的自适应投影系统。其利用 Kinect Fusion 技术重建投影场景并进行实时的跟踪配准，将相应的物理模型与纹理进行投影映射。与传统庞大复杂的跟踪系统相比，该技术基于 Kinect Fusion，支持物理模型点云与重建的三维场景之间的精确配准，并提供实时姿态估计，有效地跟踪物理显示表面。如图 1.3 所示，通过将医学解剖可视化投影到一个白色人体模型上，简化了动态 SAR 系统的开发，从而使其在各个研究领域的应用成为可能。

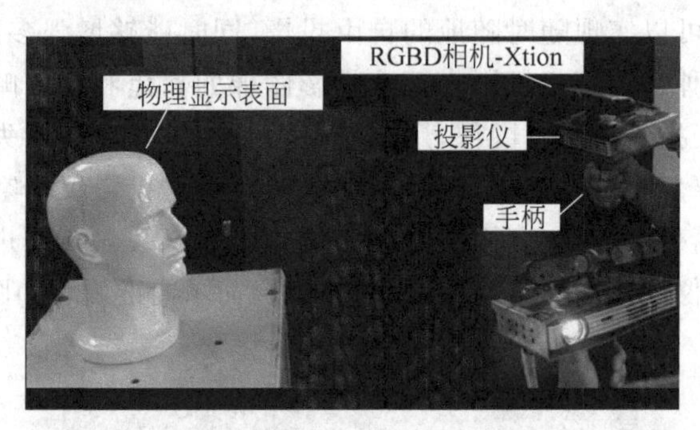

图 1.3　一个配有投影仪的手持投影仪 RGBD 相机和头部物理模型的投影仪布局

Steimle 等[46]通过构建 Kinect 和投影仪系统进行柔性投影表面校正研究，其利用深度相机感知柔性表面关键点的深度信息值，结合曲面拟合方法进行投影校正。Zhou 等[47]开发了一款基于 Kinect 的动态投影系统，该系统利用深度图像的跟踪算法实时对准投影随机运动物体。作为一种动态投影映射系统，它实现了对随机运动的实时对准、应对任意复杂几何图形、对遮挡的鲁棒性和对投影的自动遮挡剔除。该算法具有降低复杂度、自适应遮挡处理和自适应步长控制等特性。该动态投影系统能够在很高的交互水平上实现动态投影映射。同时，动态投影系统也存在一些局限性，遮挡器不能太靠近目标物体，否则会无法识别深度图像，而较大的外遮挡也可能导致跟踪失败。当遮挡比例超过一定水平时，剩余的可见部分将不足以进行跟踪。对于可变形对象，只要这种变形不影响可见样本点的整体适应度误差即可，因为系统只能容忍较小的局部变形，但不能处理较大的变形。另一个限制是相机和投影仪需要靠得很近，且视角方向相似，才能保证可以看到相同的遮挡。

然而上述方式都受限于 Kinect 与投影表面之间的距离，导致深度信息不精确，为此 Kim 等[48]提出了一种深度信息校正方法，该方法通过构建误差修正模型，使深度信息的获取精度比其他方法更高。由于 Kinect 获取投影场景的深度信息受限于投影距离，重建的场景深度信息会出现一些孔洞和噪声等现象，虽然 Ju 等[49]通过图像结构对获取的深度信息细节进行平滑处理，但仍会导致一些精确的深度信息的丢失。为此 Han 等[50]通过使用从一幅 RGB 图像的形状—阴影代替光度立体来估计表面深度图的细节。Choe 等[51]提出了三维模型的细化方法，该方法定义了一个近红外光阴影模型，使用一个初始的三维网格和多视点信息来估计表面的细节。

为了实现自动投影校正，Lan 等[52]采用了一种嵌入式光学传感器结合结构光的方式，但该方式的普适性受到限制，基于计算机视觉的投影仪—摄像机标定方法通常涉及复杂的几何变换和烦琐的操作，大多不适用于光照不足或背景干扰的场景。

由于上述投影图像校正方法基本是以摄像机为基准进行的几何校正，因此只能在摄像机的视点位置才可以得到最佳投影校正效果。现有的几何校正方法都是以固定视点为基准进行的，Hashimoto 等[53]在 Siggraph Asia 会议上的最新研究成果，已经实现了固定视点脱离摄像机视点，但是固定视点的视觉参数与人类的视觉参数存在一定的差别，导致校正后的图像并不能很好地符合观察者的视觉需求。

通过上述对投影图像几何畸变校正的归纳概括，总结出几何畸变校正的过程重点在于畸变校正的效率和质量问题上。表 1.1 是对几个投影几何畸变校正方法的比较分析，通过对各自方法的优点和缺点对比，可以更直观地理解不同方法之间的差异性。

表 1.1 投影几何畸变校正方法比较分析

几何校正方法	校正理论	优点	缺点
文献[35]	采用预处理的方式计算投影仪和投影表面之间的对应关系	校正速度快且精度较高	无法适用于实时的投影系统
文献[40]	通过系统参数获取投影表面的几何形状，并用来补偿图像几何失真	大大降低了计算复杂度	不适用于光照不足或背景存在干扰的场景
文献[45,46]	利用深度图像的跟踪算法实时对准投影的运动物体	具有实时性和对遮挡的鲁棒性	受限于 Kinect 与投影表面之间的距离
文献[52]	采用了一种嵌入式光学传感器结合结构光的方式对投影仪进行自动几何校正	简化标定操作，提高几何校正的鲁棒性	特殊的一对多硬件设计使普适性受到限制

1.2.3 投影图像颜色补偿方法

投影系统的显示效果有两个方面的判定标准：一是投影内容的质量，这是用图像的分辨率、亮度和对比度等参数来衡量的；另一个是投影内容，这是用投影图像的对齐精度和亮度融合平滑度等参数衡量的。以往传统的投影校正系统只能解决投影内容正确性的问题，在投影内容的质量上并没有显著的帮助。高性能投影仪虽然可以提升投影系统的分辨率和亮度等性能，但是因为高性能投影仪并不能作为推广使用，所以如何充分发挥消费级投影设备的性能，用低成本设备实现高性能的投影显示效果已经成为投影领域最重要的问题。Grundhofer 等[54]提出一个实时的自适应辐射补偿算法，可使投影到自然介质表面。该算法首先对投影表面和图像内容进行分析，然后分两步对输入图像进行全局和局部调整，最后进行辐射补偿，但这一算法性能开销较高。为了节约系统开销，Grundhofer 等[55]提出了一种新的容错优化方法，以产生高质量的光度补偿投影。非线性颜色映射函数的应用的好处是不需要对照相机或投影仪进行辐射预标定。与相关的线性方法相比，这一特性提高了补偿质量。该方法由投影仪色域的稀疏采样和非线性分散数据插值组成，实时生成从投影仪到摄像机颜色的逐像素映射。为了避免色域外的伪影，输入图像的亮度在可选的离线优化步骤中被自动局部调整,将可实现的对比度最大化,同时保持平滑的输入梯度,而没有显著的剪切误差。尽管所提出的漂移误差补偿方法减少了不对齐投影过程中出现的硬边缘的可感知性,但还需要根据实际图像内容对其进行评估和补偿。

Dehos 等[56]提出了一个低成本的投影系统 Catopsys,如图 1.4 所示。它利用一个投影仪、一个摄像头和一个凸面镜,提出了一种处理投影响应、表面材料和表面间相互反射的辐射模型和补偿方法,对投影过程的辐射响应进行评估,这种辐射响应被用来补偿预期环境中的投影效果。

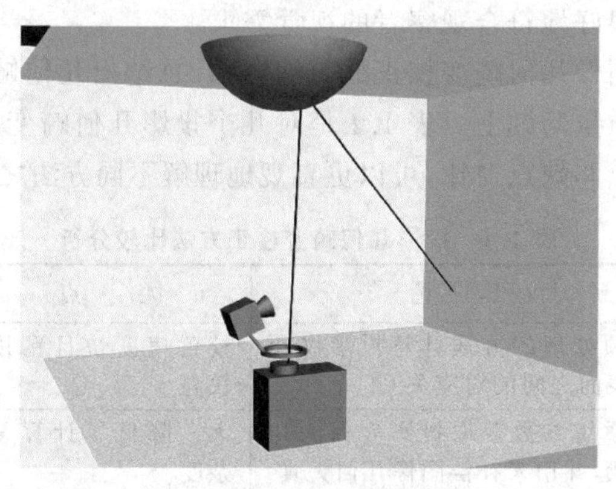

图 1.4　Catopsys 投影显示系统

Harville 等[57]提出了一种适用于便携式投影仪的高精度、高效的光度补偿方法。对于初始定标,该方法采用两个均匀灰度定标模式和一个斜坡定标模式,减少像素间耦合对伽马非线性估计的影响。Ng 等[58]通过计算场景的反光传输来实现辐射补偿。投影仪—相机系统可以将所需的图像投射到非平坦和非白色的表面上,缺点是由于使用的光传输矩阵通常很大,因此,计算逆光传输矩阵需要大量的计算和存储过程。这种补偿方法使用了分层反光传输提供量化计算效率和精度之间权衡的系统方法。投影仪输入各种反运算和投影仪输出各种反转如图 1.5 所示。

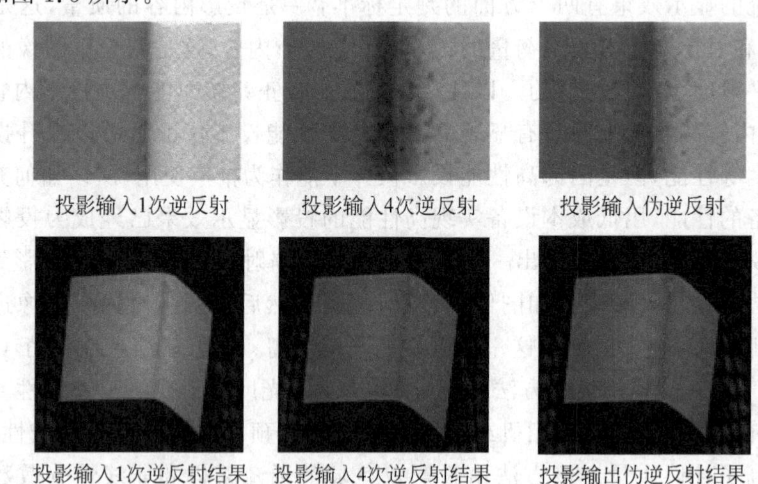

图 1.5　投影仪输入反运算和投影仪输出反转

Ashdown 等[59]提出一种依赖于内容的方法，基于人类视觉系统的模型对图像进行空间处理，增加亮度或色度的容差。它可以与多投影仪显示器一起使用，在这种情况下，用于色度拟合和范围计算的色域模型的复杂性将与重叠投影仪的最大数量成比例。Bokaris 等[60]在假设投影表面的几何结构已知的情况下，提出了一种投影图像颜色补偿算法，其使用单幅图像对投影表面的反射率进行估计，再利用颜色补偿函数对投影图像进行修正。Post 等[61]使用像素查找表来实现非线性投影—相机系统的颜色补偿，利用分光辐射计对该方法的补偿精度进行了评估。Madi 等[62]通过使用图像模型和被感知图像之间的颜色不变要求，推导出一个线性变换，然后通过一个矩阵乘法来做光度补偿。这种方法不仅减少了光照环境对图像质量的影响而且补偿了投影幕布的颜色纹理。缺点是当处理不规则的投影面时，有时会出现色彩校正均匀性不够的问题。

Bermano 等[63]提出了一种人脸实时动态投影的方法。该方法不需要物理跟踪标记，支持动态面部投影映射。使用红外照明，光学和计算校准高速相机检测面部方向和表情，将估计的表情混合形状映射到较低维空间中，通过自适应卡尔曼滤波对面部运动和非刚性变形进行估计、平滑和预测。最后，根据时间、全局位置和表达式对预计算的偏移纹理进行插值，生成所需的外观。Li 等[64]提出将辐射补偿问题归结为一个多维辐射传递函数的采样和重构，该函数统一地模拟了从投影仪到观测相机的颜色传递函数和表面反射率。该函数减少了投影图像的数量，需要由相机观察最多两个数量级，利用多维散射数据插值技术，以重建高空间密度的辐射传递函数来计算补偿图像。但是通过该方法在减轻色域映射的影响时还需要对内容自适应质量进行优化。如图 1.6 所示为创建采样集、采样优化和辐射补偿的流程图。

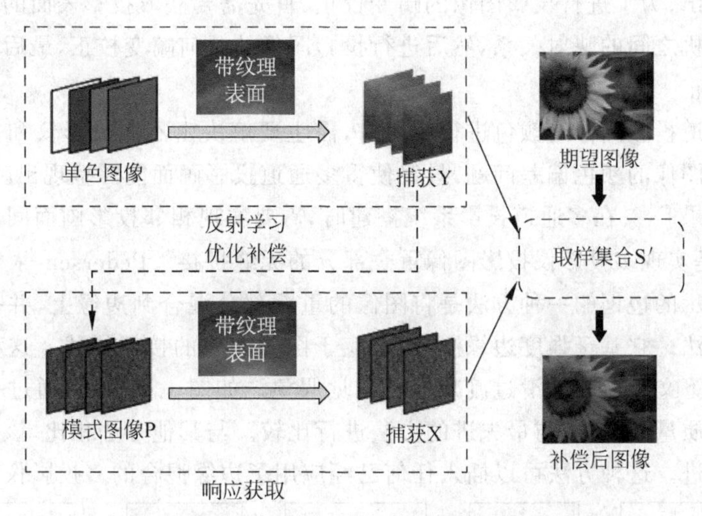

图 1.6 创建采样集、采样优化和辐射补偿的流程图

以上分析了投影图像颜色补偿方法，表 1.2 列举了其中经典的多投影系统校正方法之间的对比分析。目前在投影图像颜色补偿过程中，补偿的最终效果和时间效率是关键问题。通过对现有算法的实时性以及各个方法的优缺点进行对比分析，能够更好地掌握现有方法的差异性和对未来发展方向的探索。

表 1.2 投影图像颜色补偿方法比较分析

作　者	补偿方法	优　点	缺　点
Grundhofer	对输入图像进行全局和局部调整后再进行辐射补偿	实时的自适应辐射补偿	需要的性能开销较高
Madi	通过图像模型和被感知图像推导出的矩阵进行颜色补偿	被感知的图像不受观看条件和所使用的显示设备的影响	对于非规则投影表面不适用
Bermano	使用红外照明,光学和计算校准高速相机检测面部方向和表情	不需要物理跟踪标记,支持动态面部投影映射	设备要求高,普适性差
Li	利用多维辐射传递函数模拟从投影仪到观测相机的颜色传递	采样效率高,可以减少投影图像的数量	不适用于投影幕,有极高的空间频率纹理

1.2.4 多通道投影系统

随着单投影增强现实技术的不断发展,为了能够扩展投影范围,不同国内外著名专家带领的研究团队同时对多通道投影技术开展了一系列研究,并取得了丰硕的成果,世界各地也先后出现了不同形式的多通道投影系统。从对现有多通道投影技术和系统的分析与研究中可以看出,为了进行投影图像的畸变校正,首先需要获取投影表面的高精度信息或投影仪和摄像机之间的映射关系,然后进行投影图像的几何畸变校正,最后进行投影图像的颜色畸变校正[65-67]。

在对多通道投影图像的颜色进行校正时,需主要解决由不同投影仪和投影表面等因素引起的投影图像的颜色偏差问题,最终使得多通道投影画面能够呈现出颜色、亮度等参数一致性的效果[68]。在多通道投影系统搭建时,需要实现相邻投影画面间的自然平滑过渡效果,也就是实现多投影仪投影图像重叠部分的无缝拼接。Pedersen 等[69]提出为了避免出现连续显示的边框的一种方法是将图像的重叠部分混合到边缘上,并提出了一种新的边缘混合方法。它基于强度边缘混合,适应于图像内容的接缝描述。这种方法的主要优点是通过上下文适应和平滑过渡减少了视觉假象。如图 1.7 所示,通过一个感知实验评估该方法的质量,并将其与最先进的方法进行比较。与其他方法相比,该方法在低频区域有很大的改进。这种方法可以插入任何已经应用了边缘混合的多投影仪系统中。

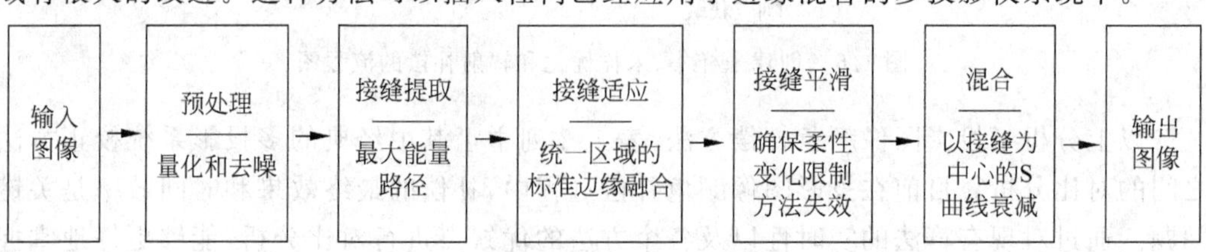

图 1.7 基于接缝的边缘混合流程图

Sajadi 等[70]使用多个投影仪和摄像机的全自动分布式照明地形图的技术，如图 1.8 所示。这种方法允许多投影仪浮雕地图的分布式配准，在非常丰富的 SAR 系统中，特别是考虑到非常大的浮雕时，此方法部署较为容易。这些设备都是未经校准和随意对齐的，唯一的限制是，需要至少有两个摄像头可以看到浮雕的每个表面点。该方法实现了精确的几何配准和无缝的边缘混合。快速重新校准允许改变位置和设备的数量，以及表面几何形状。

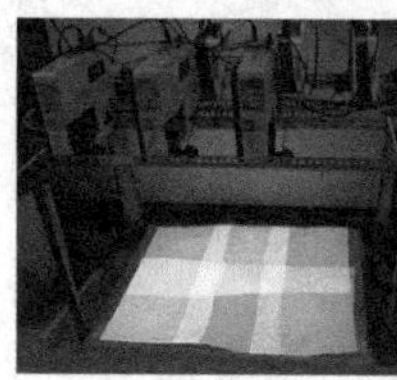
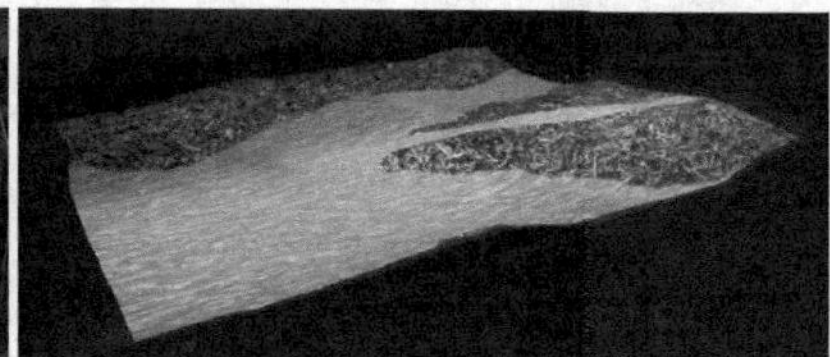
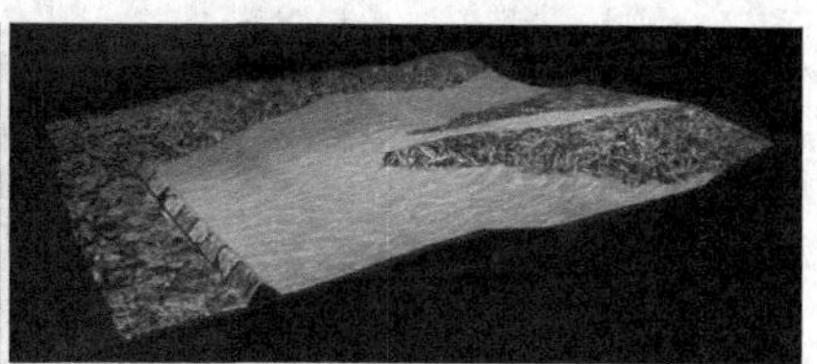

图 1.8 使用浮雕地图照明的洪水场景可视化示例

针对多通道投影重叠区域的亮度偏差问题，Majumder 等[71]提出了通过人眼感知无法察觉的亮度范围在投影重叠区域修正亮度偏差的方法，但该方法的重叠区域必须为矩形区域，因此必须限制投影仪的摆放位姿。因为不同的投影仪之间是存在颜色差异的，即使是同品牌、同型号的投影仪也会因为使用时长、配件更换等原因出现颜色差异，各种投影参数的不同设置也会导致颜色的不同，因此 Zoido 等[72]提出了优化的方法，简化校正过程，使多通道投影图像的校正更快捷。Sajadi 等[73]提出通过变形实现二维色度和色域在重叠区域的亮度平滑，使用感知引导参数，以确保变化在人眼可以容忍的范围内，使得消费级的多投影仪显示也可以提供与较昂贵的设备相似的无缝投影效果显示。但是此方法假设的色度和色域是存在投影仪上的常数，然而多个投影仪内的色度色域确实显示出一些变化。Li 等[74]对多通道投影的部署问题进行了分析，针对投影仪不同的摆放位置对投影画面产生的一些影响，提出了对投影性能评价的标准，求解能产生最佳投影效果的投影仪位姿参数。Jung 等[75]提出了多通道投影图像的几何和色度偏差补偿方法，该方法基于通道特征，求解从映射关系校正投影图像的颜色偏差，如图 1.9 所示。

Damera-Venkata 等[76]提出了一个可伸缩多投影仪显示器的一般框架。基于这个框架推导出算法，可以稳健地优化任意组合的投影仪的视觉质量，而无须手动调整。当将所有的放映机叠加在一起时，框架可以产生高分辨率的图像，超出了组件放映机的奈奎斯特分辨率限制。该算法提出了一个统一的范式，可以自动优化多投影机系统的图像质量(即颜色、亮度、对比度、分辨率)。在当前的图形技术中，同样的范例可以在一个工作站上处理多达 12 个投影仪，仅受总线带宽、纹理存储器的大小和物理显示输出的数量限制。通过将多个这样的工作站链接在一起，可以实现进一步的可伸缩性。Bhasker 等[77]提出了一种新的几何配准技术，该技术可以在投影仪镜头出现严重畸变的情况下，利用相对便宜的低分辨率相机实现几何对准。Willi 等[78]提出了一种鲁棒自适应算法来实现任意复杂多投影系统的可靠自校准。因为它是自适应校准的，所以不需要提前知道投影幕的几何结构，也不需要任何手动参数调整。Heinz 等[79]提出了一种将多投影仪显示系统的校准算法直接应用到包含一个或多个视图的输入数据中，并直接以这种格式创建输出数据。

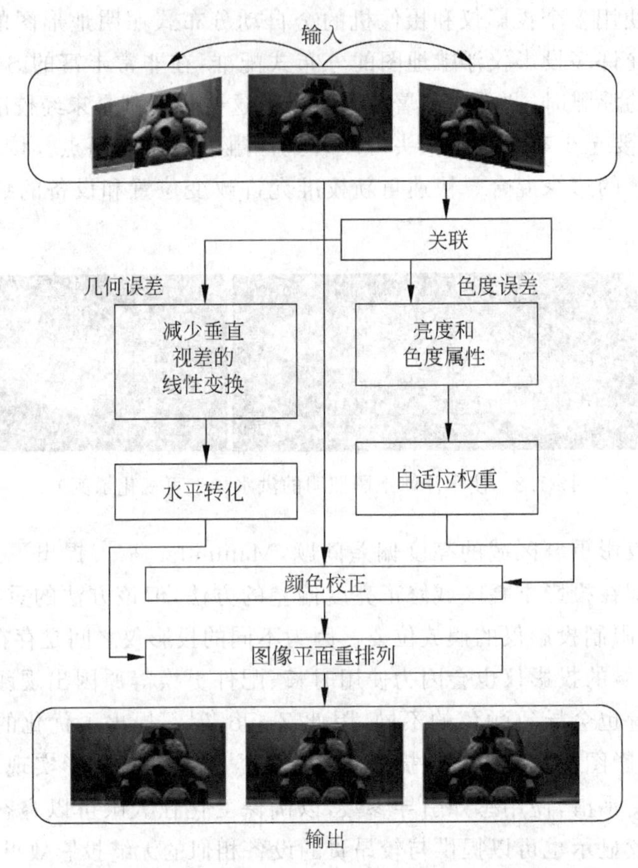

图 1.9　多通道图像的几何和色度误差补偿方法

这一算法将光度校准算法分成两部分，从而将依赖于位置而不依赖于颜色的计算分开，对于输出图像空间中的每个像素位置，图像扭曲操作和位置相关但与颜色无关的光度校准计算只应用一次。而且，对于每个输出像素，只需要获取可能影响输出颜色的输入像素。Wang 等[80]提出了一个由两种颜色校正方法组成的层次结构来处理多投影仪显示系统的颜色校正问题的方法，这两种颜色校正方法分别为简单的修正方法和先进的修正方法。这两种方法都包括三个主要步骤：首先，根据投影仪特性、显示表面光学特性等因素，对每个投影仪建立通用颜色模型；其次，建立传输矩阵和颜色模型，生成颜色查找表；最后将颜色查找表与相应的亮度混合表相结合。但该算法忽略了各向异性问题与后投影。Tehrani 等[81]提出了一种新的分布式技术，在一个基准自由任意曲面上使用多个随机对齐的相机几何校准多个随机对齐的投影仪。利用二元斑点模式的多步方法，稳健地估计显示器的三维表面几何形状、摄像机的外部参数以及多个投影仪的内部和外部参数。Mahdi 等[82]提出了一个自动化和可扩展的多投影仪注册系统，允许多个未经校准的投影仪和摄像机在任意形状的曲面上投影。该方法估计多个未校准的平铺或叠加的投影仪的参数，观测相机的外部参数(已知的内部参数)，被照亮的三维几何形状，并以几何的方式记录在投影仪上。这是在不使用任何基准的情况下实现的，即使部分表面只有一台相机可见。互相关的方法使用一个完全自动的方法，它不需要提前精确地校准每个未校准基准点。估计投影仪参数允许在面对投影仪运动时快速重新校准系统，通过重新估计仪移动投影仪的参数，而不是整个系统。但是该系统不能处理显示表面存在几何不连续的情况，如孔洞和非光滑的表面。

Bajestani 等[83]提出了一种多投影仪显示器的非视点标定方法，通过为几何标定阶段编写合适的能量函数来计算标定参数。在这种方法中，屏幕没有特定的形状。由于屏幕的三维形状，这种方法是视点无关的，最终图像可以像墙纸一样贴在投影幕上。提出系统的精度为亚像素级，因此人眼在投影仪重叠区域内没有观察到不对准现象。如图 1.10 所示为投影校正设备和一个任意形状投影幕投影效果。

图 1.10　投影校正设备和一个任意形状投影幕投影效果

由上述分析可以看出，对于面向不同纹理的、自然介质的多通道投影系统来说，由于投影的介质和环境过于复杂，投影面没有整体上的全局的一致性，因此现有的校正方法并不能满足需求，得不到理想的投影效果。针对自然介质为投影幕的复杂情况，本书将研究多通道投影图像的畸变补偿模型及智能校正方法，使多通道投影系统能够自适应用于各种复杂的投影环境中。

1.3 主要内容

本书对多通道投影图像智能校正关键技术进行了深入研究，详细地探究了由投影仪和相机等设备构成视觉系统的成像机制，着重分析了相机成像特征化模型与投影仪显示数理模型。通过对自然介质的深度和纹理对多通道投影图像影响机理的探究，提出在自然介质上多投影图像几何校正模型和颜色补偿方法，阐明理想视点和移动视点与投影介质、投影装置间的内在规律，设计多通道投影图像的智能校正新方法，突破投影仪、投影介质、观看视点的束缚，以保证在任意形状、纹理和大小的自然介质上观看到几何和颜色都符合视觉要求的理想图像。主要包括以下研究内容。

1. 三维点云的去噪和修补

自然投影介质上的投影校正多是基于曲面三维重建的，但获取三维点云时受环境及仪器等复杂因素的影响，会存在噪声和孔洞等问题，这直接影响了后期投影几何畸变校正效果。针对这一问题，本书提出了点云离群点矫正方法和基于顶点亮度、位置与法向的双边滤波器。在点云数据同时包含高频和低频噪声时，可以有效地去除噪声并保留丰富的边缘信息。针对点云去噪实时性要求较高的应用，提出了改进的、基于流形重构的点云去噪算法。改进了 DMRD 网络特征提取模块，提高了特征提取性能。在不同的数据集上进行对比实验分析，定性定量地展示了改进算法能更有效地去除点云噪声。针对点云孔洞问题，通过对现有部分算法的优缺点和使用局限性进行比较，本书将基于三角网格模型的孔洞边界提取算法与通过新增三角片完成孔洞修补算法相结合，实现了对三维点云孔洞的高质量修补；同时提出了一种基于深度学习的实时点云修补算法，对于有缺损的三维点云进行实时修补，可以将包含噪声的部分点云数据转换成高保真性的完整形状点云。

2. 移动视点的多投影几何校正

通过对自然介质投影面的理想观看视点的预测，研究移动视点的多通道投影图像的几何畸变校正算法。根据自然介质的深度信息，建立投影仪与观看视点间的关系，融合人眼的感知特性，探究理想观看区域与投影曲面、投影装置间的关联机制，研究基于投影环境的理想观看区域自动估计的算法。在建立理性视点的基础上，设计理想目标校正平面获取方法。研究基于深度相机的用户头部位置跟踪定位方法，确定移动视点位置后通过计算移动视点与理想视点的单应矩阵解算新视点下投影面的校正平面。为了客观验证几何畸变校正的准确性，提出了全视场几何畸变率验证算法，有效地验证了畸变校正的效果。通过实验分析对比证明了本书提出算法的有效性和优势。

3. 自然场景投影图像颜色补偿

现有的投影颜色校正算法都是针对一些有简单纹理的投影面的投影颜色进行校正，对于面向不同纹理的自然介质的投影系统，自然介质所处的环境较复杂，在整体上不具备全局一致性，所以现有校正方法并不能获得理想的颜色补偿效果。基于这种复杂性，本书将研究深度学习的方法，对自然投影介质纹理和光照等因素进行训练学习，使投影系统能够自动地适用于各种复杂的投影环境以实现沉浸式立体投影；同时结合自然介质的深度信息，提出改进的基于深度学习的投影全补偿方法。

4. 多投影显示系统的设计研究

为了在任意自然投影介质上获得符合视觉要求的高分辨率理想图像，首先通过探究自然投影介质对多通道编码图像的影响机理，建立自然介质的自适应感知模型；然后，通过对理想观看区域的预估，确定理想的观看视点，分别研究多投影图像的几何和颜色校正算法；最后，根据多校正参数关联模型，研究基于理想视点的多投影图像的一致性综合校正方法，并构建具有自动校正功能的投影装置。

第2章　多通道投影图像智能校正的基础理论

随着信息时代的快速发展，计算机技术越来越成熟，信息可视化在很多应用中都起到了越来越重要的作用，特别是越来越多新型信息可视化设备的出现，正在逐步改变着人们传统的被动接收信息的方式，逐渐过渡到人们直接参与创造且能交互的角色模式中。生活中常见的有展览馆的多投影陈展设备、游戏使用的投影体感交互设备以及科研教育中应用的多投影仿真设备等。这些新形式的投影不但能给使用者提供全新形式的感官体验，同时还能够让用户更有效地理解投影信息的表达。为此通常将相机、投影仪与计算机进行连接构成一个具有综合功能的投影显示系统。如图 2.1 所示为投影仪相机视觉单元系统。本章将通过对各视觉设备的成像机制分别进行分析，从而深入了解投影仪相机视觉单元系统整体的运行机制，为后面的研究做基础理论铺垫。

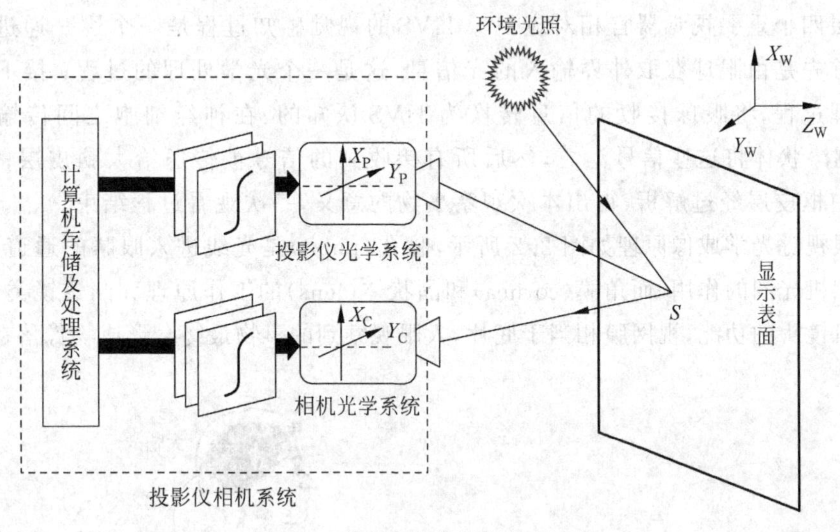

图 2.1　投影仪相机视觉单元系统

2.1　人眼视觉感知特性与视觉设备成像机制分析

在第 1 章中，对多通道投影图像智能校正关键技术的国内外现状及本书的主要研究内容做了详细介绍，在图像观看中的一个关键词就是人类视觉系统（human visual system，HVS）。视觉感知是一个复杂的过程，需要眼睛中感知刺激的感受器与负责沟通和解释所感知视觉信息的神经系统和大脑之间的相互作用。这个过程涉及一些物理、神经和认知现象,对这些现象的深入理解对于投影系统的有效设计和计算高效的成像解决方案至关重要。基于计算机视觉、图像处理、神经科学和信息工程的发展,感知数字成像极大地提高了传统成像的能力。图像校正的最终目的是让人眼在观看图片时可以看到没有任何畸变的图像,而图像校正质量的客观评价标准也是以是否能得出与人的主观认知更接近的图像为标准。所以研究 HVS 视觉感知特性对评估图片校正质量很重要。本节主要介绍 HVS 的基本理论知识,分为 HVS 的生理解剖结构和 HVS 的视觉感知特征两个方面。本节同时给出了 HVS 知识在图像校正质量评价中的一些具体应用,也为本书后续的研究工作进行了铺垫。

2.1.1 人眼视觉感知特性

人眼视觉是人类用来感知外部世界的最重要的感官之一。HVS 是一个极其复杂的系统,它已经进化到利用眼睛的“光学部件”获得的视觉刺激来执行许多不同的功能。人类视觉系统实际上是一种图像处理系统,其视觉信息处理经历了光学处理、视网膜、视通路与视皮层四个过程[84]。这四个过程与眼球、视网膜、外侧漆状体以及视觉中枢皮层四个重要视觉器官相对应[85]。HVS 的视觉感知过程是一个逐一递进的处理过程。首先是由眼球获取外界输入的光信息,这是一个光学处理的过程;接下来是视网膜处理过程,将眼球接收的信息转换为 HVS 认知的、在神经细胞之间传输的电信号;外侧漆状体将这些信号汇总,然后所有接收到的信号被传送给大脑皮层;最后视觉神经中枢皮层经过解析,得出本次观察事物的意义,一次观看过程结束。

人眼视觉光学成像原理如图 2.2 所示,瞳孔(pupil)是光线进入眼睛的通道,相当于起到照相机光圈的作用,而角膜(cornea)和晶状体(lens)的工作原理和凸透镜类似,相当于照相机镜头的功能,视网膜相当于底片,人眼观察到的事物最终会形成物像落在视网膜的表面。

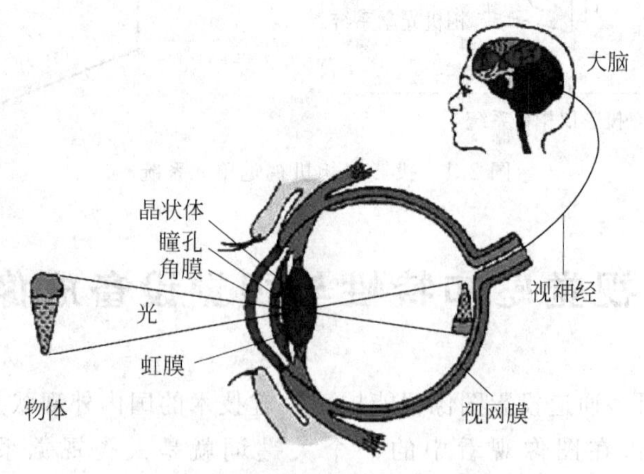

图 2.2 人眼视觉光学成像原理

这一成像过程可以粗略地由高斯成像公式表示，见公式(2.1)。

$$\frac{1}{d_s}+\frac{1}{d_i}=\frac{1}{f} \tag{2.1}$$

式中，d_s 是观测的物体与晶状体间的距离；d_i 是视网膜上的成像与晶状体间的距离；f 是晶状体的焦距。

视网膜的主要作用可概述为：对亮度的适应；自动增益的控制；对图像进行锐化；把光学信号变为相应视觉神经刺激；把刺激信号往后续的过程中传输。此外视网膜还可以对运动进行估计[86]。

通过对图像质量的评价可以更加准确地处理图像中的失真部分信息。大多仿生学方法中都是利用了对比敏感度函数 CSF 来计算图像的敏感性。Mannos 等[87]提出了经典的归一化的 CSF 解析式，其表达式如公式(2.2)。

$$S(f)=2.6\times(0.0192+0.114f)\,\mathrm{e}^{-(0.114f)^{1.1}} \tag{2.2}$$

式中，f 代表空间频率；S 代表对比敏感度。在 Most Apparent Distortion(MAD)中则提出用 Mannos-Sakrison Filter 的改进方程来检测图像中的可觉察区域[88,89]。通过心理物理学和生理学的研究表明，人们是利用初级视皮层神经元的感受野对具有事物特定大小、颜色、方向、相位以及频率等的视觉刺激进行调制的[90]。这也表明了，神经元仅是对相对应的信号产生反应，对不相关的信号则没有反应，进而表明视觉系统是通过单独的路径处理其不同的特征，也就是 HVS 的多通道分解模型。这一模型假定了视觉场景被划分为不同的空间频带，而且每个频带由一个指定的响应进行通道处理，其中不同的频带之间是相互独立的。

因此，在图像质量评价中，常用带通滤波器和方向滤波器对图像分解后的信息进行处理，常用的有傅里叶分解和 Gabor 分解[91]等对图像的信息进行描述。还有一些图像质量评价是通过多种较为全面互补的特征来描述图片的信息[92]。

2.1.2　相机的数字图像成像原理

最简单的相机模型是针孔相机模型。本小节在建立相机的数学模型之前先给出了针孔成像的原理，并对其代数表达给出说明。

1. 针孔成像模型

针孔成像模型是一个理想的透视投影变换，其将三维空间点变换为图像空间的像素点。为了便于数学表达，首先建立涉及空间的坐标系，进而构造相应的内参矩阵、外参矩阵和投影矩阵来描述上述变换过程。

如图 2.3 所示，首先确定以相机光心 C 为坐标原点，然后建立相机直角坐标系 $CX_CY_CZ_C$，其中 Z_C 轴为相机的拍摄方向，成像平面 $Z_C=f$(f 为焦距)垂直于 Z_C 轴，且位于相机光心 C 前方。光心 C 在成像平面上的投影点 C 称为主点。在成像平面上，以主点为坐标原点，建立一个局部坐标系 $cx'y'$，其中 x' 轴和 y' 轴分别平行于 X_C 轴和 Y_C 轴。假设有空间中的一个三维点 X，在相机坐标系下的坐标向量为 $\boldsymbol{X}_C=(X_C,Y_C,Z_C)$，它在成像平面上的投影点 x 在相机坐标系下的坐标向量为 $(x',y',f)^{\mathrm{T}}$，则由针孔成像原理，在

CY_CZ_C 投影平面上，X_C 与 x 分别与其垂足及光心构成两个相似三角形，如图 2.3(b)所示，即有公式(2.3)：

$$\frac{f}{Z_C}=\frac{x'}{X_C}=\frac{y'}{Y_C}=\frac{1}{\lambda} \tag{2.3}$$

式中，$\lambda=Z_C/f$。上式可表达为如公式(2.4)所示的向量形式。

$$\lambda\begin{pmatrix}x'\\y'\\f\end{pmatrix}=\begin{pmatrix}X_C\\Y_C\\Z_C\end{pmatrix} \tag{2.4}$$

图 2.3(a)所示为相机坐标系与像平面坐标系间的几何关系，图 2.3(b)所示为三维空间点与它在像平面上投影点之间的几何关系。说明三维空间点在相机坐标系中的坐标向量 $\boldsymbol{X}_C$ 与其在成像平面上的投影点 x 的坐标向量之间仅相差一个尺度因子。由于尺度因子并不影响针孔成像的结果，因此可以忽略这个尺度约束。用符号～表示忽略尺度因子的等价关系，则公式(2.4)可表达为公式(2.5)。

$$\begin{pmatrix}x'\\y'\\f\end{pmatrix}\sim\begin{pmatrix}X_C\\Y_C\\Z_C\end{pmatrix} \tag{2.5}$$

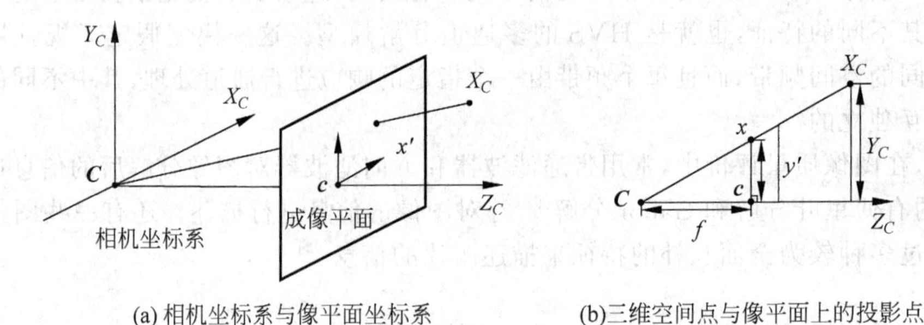

(a) 相机坐标系与像平面坐标系　　(b)三维空间点与像平面上的投影点

图 2.3　针孔成像的几何关系

此即为针孔成像模型，它刻画了三维空间点至成像平面的透视投影变换，其齐次坐标下的矩阵如公式(2.6)所示。

$$\begin{pmatrix}x'\\y'\\1\end{pmatrix}\sim\begin{bmatrix}1&0&0&0\\0&1&0&0\\0&0&1&0\end{bmatrix}\begin{pmatrix}X_C\\Y_C\\Z_C\\1\end{pmatrix} \tag{2.6}$$

2. 内参矩阵

注意到相机的成像平面是连续的，为生成图像，需要模拟 CCD 的采样转换过程，即离散采样成像平面，将成像平面上的投影点转化为图像的像素点。

不失一般性，以图像的左下角点 o 作为坐标原点，构建图像空间的像素坐标系 oxy，其两个坐标轴分别与成像平面的坐标轴平行，如图 2.4 所示。记主点 c 在图像空间中的像素坐标向量为 $\boldsymbol{c}=(c_x,c_y)^{\mathrm{T}}$，$k_x$ 和 k_y 分别表示图像像素的 x 和 y 方向所对应的实际长度，如图 2.5 所示，则投影点 x 的图像像素坐标 (x,y) 和它在成像平面上坐标 (x',y') 之间有如公式(2.7)所示关系。

$$\begin{cases} x'/k_x = x - c_x \\ y'/k_y = y - c_y \end{cases} \tag{2.7}$$

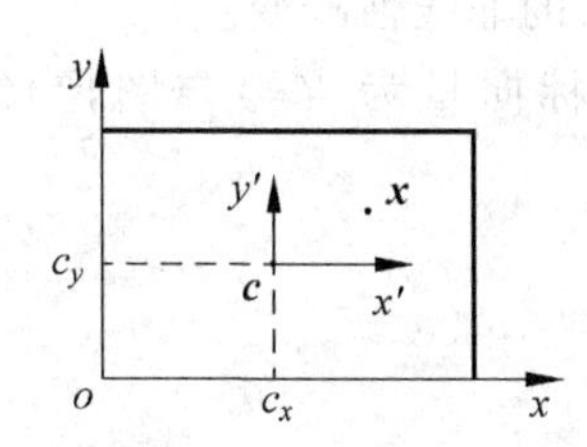

图 2.4 图像空间坐标系的定义

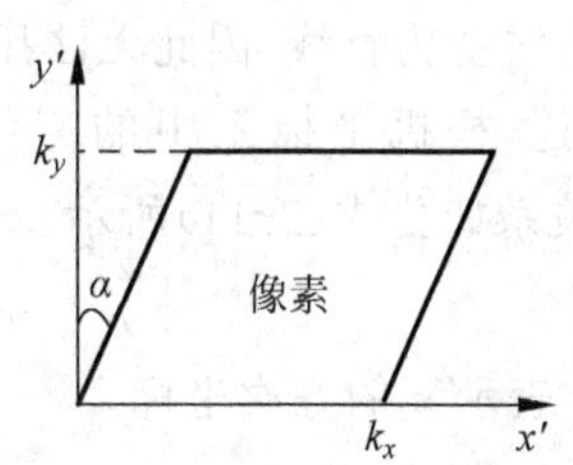

图 2.5 像素形变示意图

其齐次坐标的矩阵形式如公式(2.8)所示。

$$\begin{pmatrix} x \\ y \\ 1 \end{pmatrix} = \frac{1}{f} \begin{bmatrix} \frac{f}{k_x} & 0 & c_x \\ 0 & \frac{f}{k_y} & c_y \\ 0 & 0 & 1 \end{bmatrix} \begin{pmatrix} x' \\ y' \\ f \end{pmatrix} \tag{2.8}$$

$$\boldsymbol{K} = \begin{bmatrix} \frac{f}{k_x} & 0 & c_x \\ 0 & \frac{f}{k_y} & c_y \\ 0 & 0 & 1 \end{bmatrix} \tag{2.9}$$

如公式(2.9)所示，内部参数矩阵 $\boldsymbol{K}$ 仅与相机自身相关，刻画了成像平面至图像空间的采样变换，简称内参矩阵。对理想的针孔相机，所有光路均保持直线传播，且成像平面被均匀地采样为图像像素，因此，主点 c 位于图像的中心，且 $k_x = k_y$。

在进行实际拍摄时，光线穿过镜头聚焦在成像平面上，经 CCD 采样转换得到图像。由于光学镜头和 CCD 等装置不可避免地存在制造误差，难以按照严格的理论模型获取图像，所以往往存在一定程度的镜头畸变，且既有线性的畸变，也有非线性的畸变。镜头的线性畸变一般由内参矩阵来刻画，主要有以下三类：一是 CCD 在横向和纵向上的采样间距不同，即 $k_x \neq k_y$；二是主点 c 不位于图像的中心；三是成像平面上垂直的轴线，在图像上不再相互垂直。

前两种畸变的变量已存在于上述的内参矩阵中，只需要校准其数值即可，第三种畸变需要引入新的参数，相对比较复杂。在计算机视觉中，一般采用斜率因子 $s = f/k_y \times \tan\alpha$ 简单刻画这种像素畸变，其中 α 为倾斜角度，即成像平面的 y' 轴与图像像素空间 y 轴之间的偏离角，记 $f_x = f/k_x$，$f_y = f/k_y$，则像素倾斜畸变的内参矩阵可修改为公式(2.10)：

$$\boldsymbol{K} = \begin{bmatrix} \frac{f}{k_x} & \frac{f}{k_y}\tan\alpha & c_x \\ 0 & \frac{f}{k_y} & c_y \\ 0 & 0 & 1 \end{bmatrix} = \begin{bmatrix} f_x & s & c_x \\ 0 & f_y & c_y \\ 0 & 0 & 1 \end{bmatrix} \tag{2.10}$$

这个内参矩阵仍是一个上三角矩阵。当 $f_x \neq f_y$ 时，图像存在尺度变化，即变得扁平或者瘦长。一般情况下，s 非常接近于 0，当 s 的值较大时，图像的像素不再是正方形，而是形变为平行四边形。除了线性畸变，图像中往往存在更为复杂的非线性畸变，如现实环境中的直线在图像中呈现为弯曲的现象。由于上述内参矩阵本质上只刻画了一种线性变换，只能将直线变为直线，因此无法用来描述相机镜头的非线性畸变。

综上所述，相机坐标系中的三维空间点 X（坐标向量为 $\boldsymbol{X}_C$）与图像像素点 $\boldsymbol{x} = (x, y)^{\mathrm{T}}$ 的关系如公式(2.11)所示。

$$\hat{\boldsymbol{x}} \sim \boldsymbol{K}\boldsymbol{X}_C \tag{2.11}$$

式中，$\hat{\boldsymbol{x}}$ 表示 $\boldsymbol{x}$ 的齐次坐标。

3. 外参矩阵

上述推导假设了相机坐标系与世界坐标系是重合的，但在一般情形下，世界坐标系是人为设定的，因此二者之间相差一个欧氏变换。一般情况下，三维空间变换关系可由一个旋转和一个平移变换表示。如图 2.6 所示，世界坐标系 $OXYZ$，其上的一个三维空间点 $X=(X, Y, Z)^{\mathrm{T}}$ 在相机坐标系中的坐标向量为 $\boldsymbol{X}_C$。$\boldsymbol{R}$ 和 $\boldsymbol{t}$ 分别为相机在世界坐标系中的旋转矩阵和平移向量，则其空间坐标变换如公式(2.12)所示。

$$\boldsymbol{X}_C = [\boldsymbol{R} \mid \boldsymbol{t}]\hat{\boldsymbol{X}} = [\boldsymbol{R} \mid -\boldsymbol{R}\widetilde{\boldsymbol{C}}]\hat{\boldsymbol{X}} \tag{2.12}$$

式中，$\widetilde{\boldsymbol{C}}$ 表示相机光心 C 在世界坐标系中的坐标向量，并有 $\boldsymbol{t} = -\boldsymbol{R}\widetilde{\boldsymbol{C}}$。上式中的变换矩阵$[\boldsymbol{R}|\boldsymbol{t}]$表达相机在世界坐标系中的位姿，与相机的内部参数无关，因此称为外部参数矩阵，简称外参矩阵。

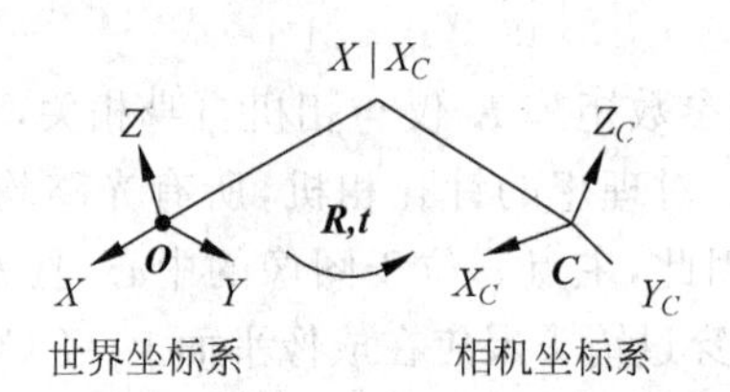

图 2.6　世界坐标系与相机坐标系的变换关系

2.1.3　投影仪工作数理模型

投影仪原型出现在 1640 年[93]。自 20 世纪 80 年代阴极射线管(CRT)投影仪出现，投影技术已经过了 30 余年的发展。现代较成功的商用投影技术主要分为 LCD 投影技术、DLP 投影技术和 LCOS 投影技术。这些技术统称为调制投影技术。

调制型投影显示系统一般是由光源、照明光学系统、驱动电路、空间光调制器(SLM)及投影成像光学系统等构成[94]，如图 2.7 所示。

SLM 的作用是将照明光学系统输送的白光进行色彩强度的空间调制，可分为分时调制和同时调制两种。

分时调制是将一个视频帧周期分割为若干时间片，在每个时间片内使用同一个 SLM

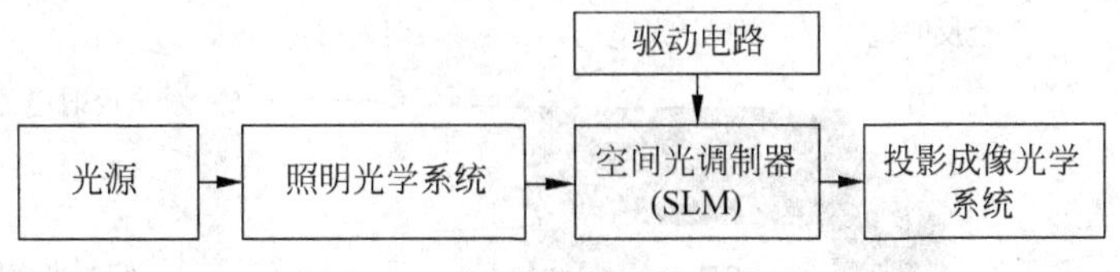

图 2.7　调制投影系统组成图

调制出该原色对应的白光光强,再使用色轮[95,96]进行滤色,利用人眼的视觉暂留效应进行色彩合成。单片式 LCD、单片式 DLP、单片式 LCOS 均采用的是这种调制方式。双片式 DLP[97]虽增加了一个 SLM,但本质上仍是色轮,也属于分时调制机制。

同时调制是指使用光学系统将白光分解为三原色光(RGB),使用三个 SLM 同时分别调制原色光强,再进行颜色合成。同时调制原理如图 2.8 所示。

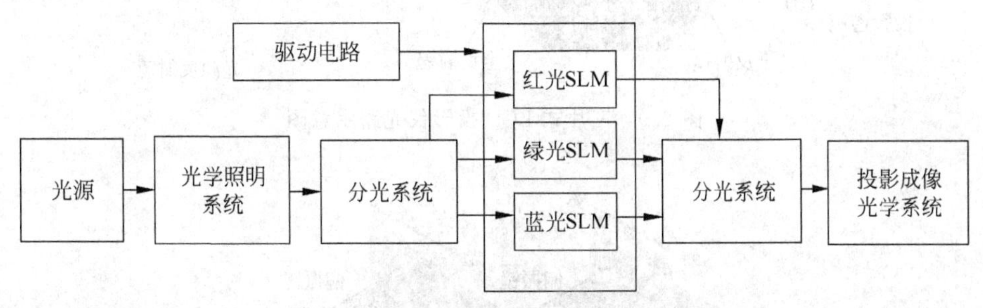

图 2.8　同时调制原理示意图

因为色轮在高温环境中老化严重,会产生色彩漂移,所以目前分时调制的投影仪只适合于低亮度的低端应用。

以下分析同时调制的几种投影技术。

1. 三片式 LCD 投影技术

三片式 LCD 投影光路如图 2.9 所示。白光光源经积分透镜进行均匀性校正,经偏振光变换元件转换为 S 偏振光,经过多个二向色分光镜和全反光镜,分解为红、绿、蓝三原色光,分别送至三个 LCD 面板进行空间光强调制。调制后的三原色光经过立方棱镜进行色彩合成并输出。

LCD 即液晶显示器。液晶是面板中发挥着关键作用的一种有机物,状态介于固体和液体之间,具有规则性的分子排列。投影设备的液晶几乎都工作在扭转向列模式下。液晶被封闭在偏振方向正交的起偏和检偏器之间。在上下表面的电压作用下,液晶分子垂直电场排列,从起偏器方向入射的光线,偏振方向不变,故无法通过检偏器,液晶不透明。在无电压作用时,液晶分子的指向在上下表面之间扭转 90°,此时从起偏器入射的偏振光的偏振方向也随着液晶分子旋转了 90°,变为与检偏器偏振方向相同,液晶透明。电压的变化可改变液晶分子旋转角度,实现从透明到不透明的渐变。LCD 工作原理如图 2.10 所示。

可见,电压是 LCD 作为空间光调制器的决定条件。邹文海[98]指出,在液晶投影仪中,寻址元件是由电寻址的有源矩阵扭转向列液晶显示构成的,它是由很多的薄膜晶体

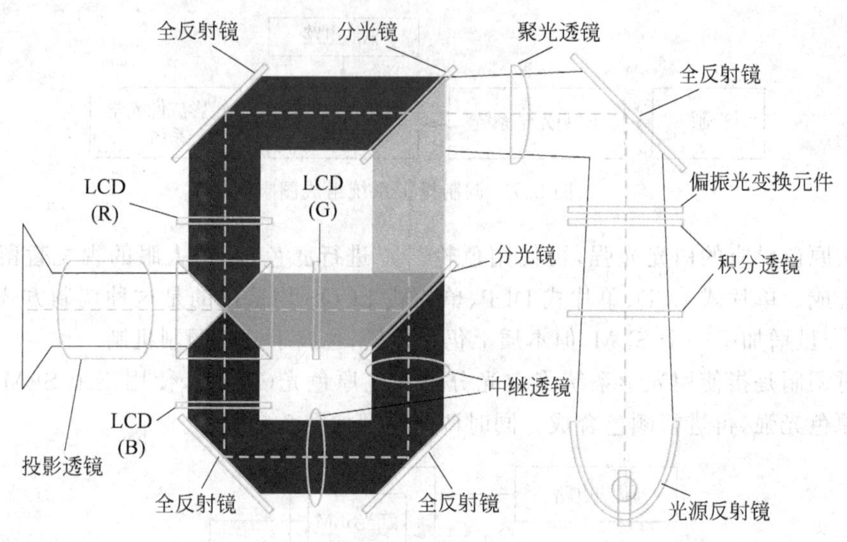

图 2.9　三片式 LCD 投影仪光路示意图

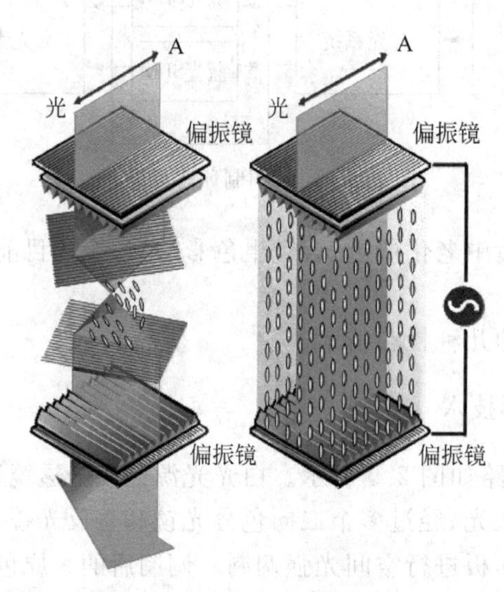

图 2.10　液晶工作原理示意图

管、列向电极和输入信号相连，并与行向电极和时钟寄存器相连构成稳频信号，在薄膜晶体管上行电极和列电极共同起作用，电荷的积累与电压变化是在相对应像素的晶体管上形成的，而后作用于液晶。这种控制方式是模拟控制，且薄膜晶体管电压与液晶透过率是非线性关系，如图 2.11 所示。

2. 三片式 DLP 投影技术

DLP 即数字光处理，技术起源于 TI(美国德州仪器)公司在 1987 年发明的数字微镜元件——DMD。

如图 2.12 所示，白光光源经过方棒照明结构进行均匀性校正，通过 TIR 棱镜由斜向变为正向入射到分光棱镜组中，分解为三原色光，分别入射三个 DMD 阵列进行空间光强调制后，经棱镜组合光进行投射。

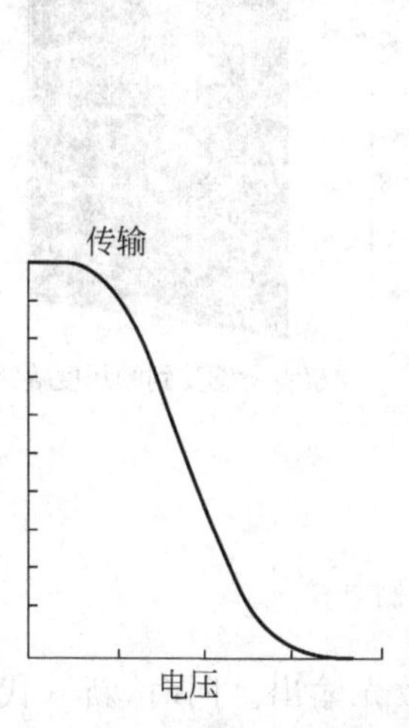

图 2.11　TFT 电压与 LCD 透过率的关系

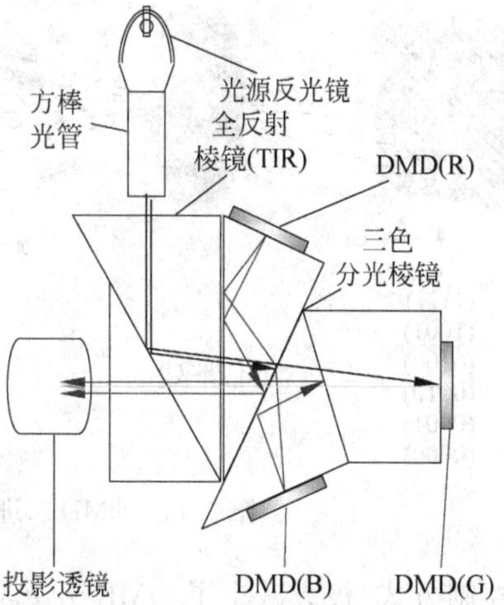

图 2.12　三片式 DLP 投影光路示意图

DLP 器件包含一个庞大的 DMD 组件阵列，每个 DMD 组件都有开/关两种状态。它与液晶显示器件不同，这种器件并不会改变入射光的偏振态，而是经过调制入射光的反射方向实现数字图像显示。早期的 DMD 器件的反射镜转动角度为±10°，新一代的 DMD 的反射镜转动角度较大，可达到±12°。DMD 的工作原理如图 2.13 所示。

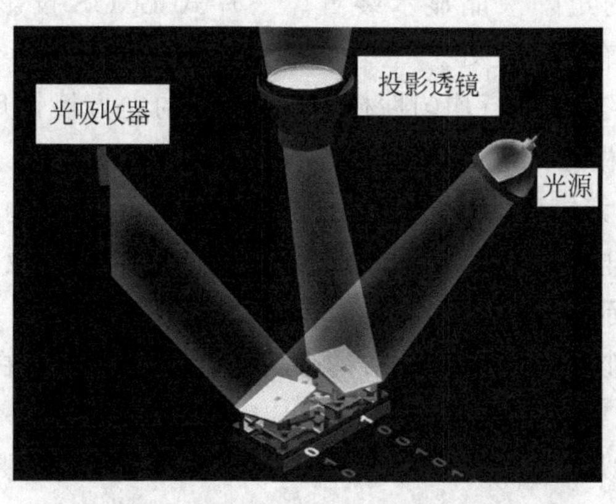

图 2.13　DMD 工作原理示意图

当 DMD 处于打开状态时，入射光经反射进入输出光路，在图像上呈现一个亮斑；当 DMD 处于关闭状态时，入射光被反射到光能吸收器上，图像上无光输出，呈现一个暗斑。DMD 的开关采用数字控制，为二进制脉宽调制方式，10 位二进制信号可直接输入每一个 DMD 器件上，用于控制 DMD 的开合，可产生 1024 级灰度响应。

Mada 等[99] 提出了以 4 位二进制控制 DMD 产生 16 级灰度的例子。DMD 将每一个视频帧时长切分为非均匀长度的 4 段，时长是以 2 为倍数的等比序列。控制信号的每 1 位对应一个时间段中的 DMD 开关状态。如图 2.14 所示。

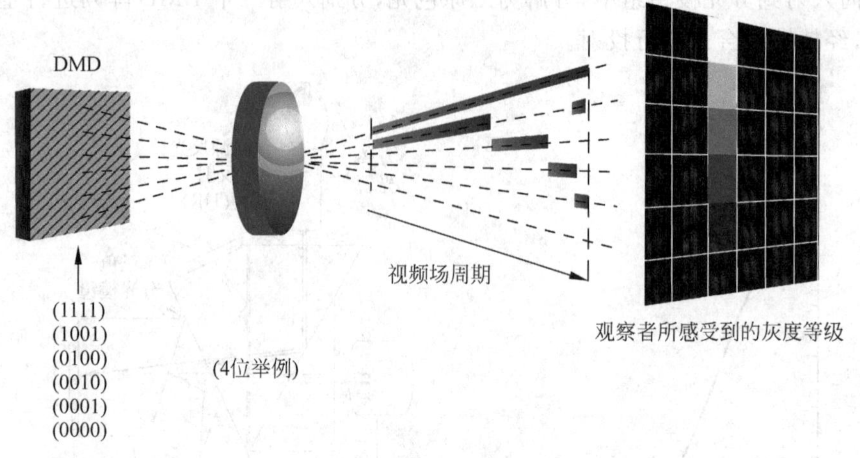

图 2.14　DMD 二进制脉宽调制控制方式

这种控制方式，极大减小了 DMD 开光状态中的杂散光输出。同时，新一代 DMD 将电路基板上的金属部分制作成黑色，进一步消除了杂散光输出。可以认为由 DMD 构成的 DLP 投影仪灰阶控制是线性的。

3. 三片 LCOS 投影技术

LCOS 即液晶附硅，也叫硅基液晶。与之前的两种技术不同，LCOS 是一种基于反射模式而且尺寸非常小的矩阵液晶显示装置。三片式 LCOS 投影仪工作原理与三片式 LCD 和三片式 DLP 均有相似之处。

白光光源经过方棒光路进行均匀性校正，由胶合的立方棱镜反射到棱镜组中进行分光，再由三个 LCOS 面板进行反射式的空间光调制后进行投射。

LCOS 器件也是像素矩阵，每个像素在硅基中嵌入了固定的反射镜，镜前覆盖了液晶。光入射时，液晶受电压控制，进行透过率调整，透过的光可反射进投影光路。LCOS 像素结构如图 2.15 所示。

LCOS 与 DLP 类似，都采用反射结构，都是使用方棒进行白光均匀性调整；但与 DLP 不同的是，DLP 反射的不是偏振光，LCOS 反射的是偏振光。

LCOS 与 LCD 类似，都使用立方棱镜，但作用不同。两者都是使用液晶进行透过率控制，灰度控制均为模拟控制。

以上三种投影技术，因其技术特点所决定，在颜色空间、色彩饱和度、亮度利用率等多个指标上各有所长，但从工程可靠性的角度考虑，三片式 DLP 系统更适合应用于高亮度、可长时间工作的投影系统中。

三片式 LCD 投影仪几乎没有 10000 流明的机型。2003 年，索尼公司推出了 4K 分辨率的高亮度投影技术 SXRD，采用此技术的机型在 2006 年前后大面积爆发了色彩漂移现象。欧洲一家独立实验室进行了 DLP 和 SXRD 对比实验，如图 2.16 所示是 3000 小时后的对比图。

从目前的技术发展情况可得出结论，三片式 DLP 投影仪更适合应用于多投影系统。

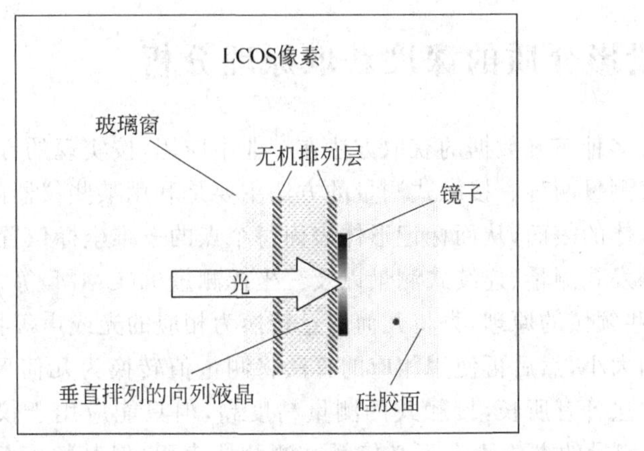

图2.15　LCOS像素结构

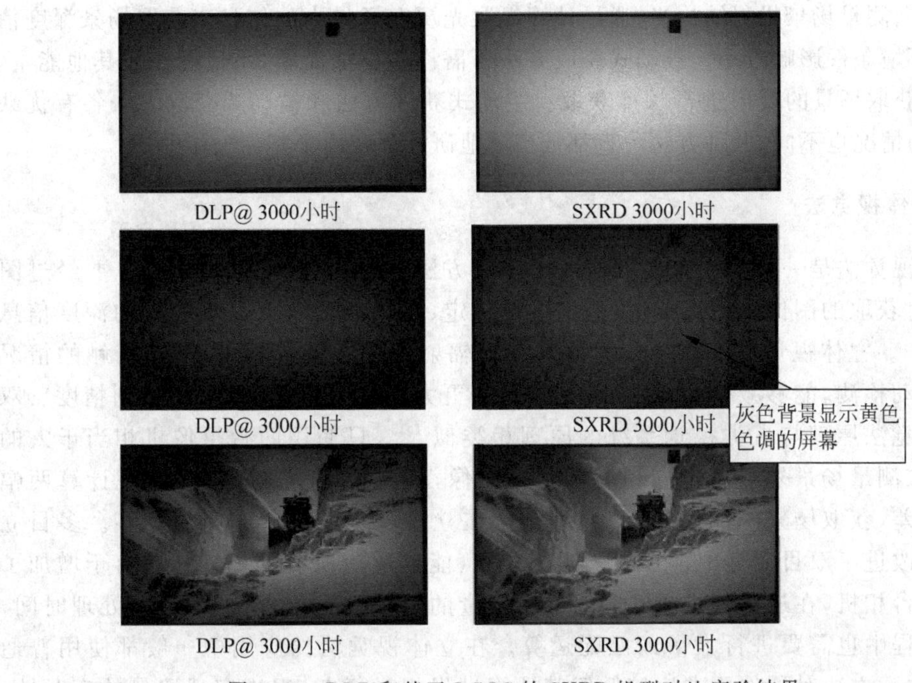

图2.16　DLP和基于LCOS的SXRD机型对比实验结果

2.2　自然投影介质深度和纹理材质感知机制

为了建立自然投影介质的深度和纹理材质感知机制，需要解决的关键问题是如何建立自然投影介质对多通道编码图像的影响模型，以快速、高精度地识别多通道彩色编码图像上的特征点。

2.2.1 投影介质的深度获取原理分析

目前已有多种三维数据的获取方法在工业中应用，按实现的方式分类，可划分为接触式与非接触式测量两种。接触式测量的方法主要是利用某些仪器的传感测头直接接触要测量的几何形体的表面，从而标记形体表面每个点的三维坐标位置，获取到场景深度。这些仪器包括触发式测量、连续式测量以及三坐标测量机（CMM）等。非接触式测量根据光学、声学等一些领域的原理，先将几何信息转换为相应的光或声等物理量或者作为重要参数来控制量的大小，然后再使用相应的算法将测量值转换为几何形体表面各点的三维坐标值。两种方法各有所长，接触式的测量精度高，但只能应用于仪器可以接触的测量场景；非接触式测量的方法测头不必接触被测物体表面，但其精度相对较低。非接触式测量根据其不同的深度获取方式，也可分为主动式获取方法和被动式获取方法。主动式获取方法是向测量场景投射结构光，通过计算提取光源在场景中的信息来获取场景深度信息，其受环境条件影响较小。被动式获取方法所需设备更加简单，不使用任何其他能量，只是通过获取场景的反射进行深度获取。主动式获取方法和被动式获取方法各有优缺点，适用的情况也不同，两种方法一直都被广泛地研究并应用于实际工作中。

1. 立体视觉法

立体视觉法是一种被动式获取深度图像的方法，这种方法获取深度信息要经过图像获取、对获取的图像预处理、对摄像机进行标定、立体匹配获取场景表面的深度信息等过程[100]。立体视觉法不需要人为地对相关辐射源进行设置，可以在不接触的情况下进行自动检测，能够减少测量中的盲区，获得更大的视野范围、更高的识别精度。双目立体视觉法原理与人类视觉系统的原理相类似[101]，只使用两台摄像机相当于人的左右眼，在测量场景外拍摄不同角度的两幅图像，然后再使用三角测量原理计算两幅图像的视差，获取场景的深度信息，这种方法在立体视觉领域研究得比较多。多目立体视觉法改进了双目视觉中存在的误匹配现象，能够适应所有的场景。但由于增加了一台或多台相机，在进行三维重建时需要对大量的数据进行处理，从而增加处理时间，在重建过程中也需要进行大量的匹配运算。在立体视觉法的应用中一般都使用普通摄像机，这一方法对硬件要求比较低但其计算过程相对复杂，很难实现测量的实时性，且远距离的测量误差会更大。

2. 结构光法

结构光技术也被归类为主动三角测量。结构光是指由发射器发射的一些具有点、线、面等具有特定模式图案的光线[102]，包括投影编码光和正弦条纹技术。物体的深度信息被编码成由图像采集传感器记录的变形条纹图案。形状是直接从漫反射物体表面记录的变形条纹解码出来的，而不是使用参考光栅创建云纹条纹。最后通过计算设计好的模板在场景中出现的变形或模板与图像上的点的对应关系，利用三角测量法计算场景的深度信息。按照使用不同结构光投射的图案可分为点结构光、线结构光和面结构光[103]。

因为线结构光和面结构光需要在测量前统一进行编码，所以这两种方法又统称为编码结构光。结构光的深度测量法可以达到很高的精度，但其计算过程复杂，受环境光影响较大。

3. 飞行时间法

测量形状的飞行时间法基于直接测量激光或其他光源脉冲的飞行时间。该方法也是一种主动式获取深度信息的方法。在测量过程中，一个物体脉冲被反射回接收传感器，一个参考脉冲通过光纤被传感器接收[104]。两个脉冲之间的时间差被转换成距离。飞行时间法的典型分辨率约为1mm。利用半导体激光器发出的亚皮秒脉冲和高分辨率电子器件，可以实现亚毫米的分辨率。目前TOF摄像机价格比较昂贵，不能实现推广应用。Hoegg等[105]设计了一个使用三台TOF摄像机对车辆进行三维重建的系统。Chai等[106]改进了从TOF摄像机快速、准确获取点云数据的预处理算法。陈超[107]研究了影响TOF相机测距精度误差的原因并提出相应的误差补偿算法。随着微软公司推出的比TOF摄像机的价格更加低廉的系列消费级RGBD相机Kinect的出现，飞行时间法会得到更为广泛的应用和发展。

4. 干涉法

干涉法利用了相干光的干涉现象，干涉形状测量背后的原理是，干涉条纹由将物体的几何形状与测量的光学相位联系起来的灵敏度矩阵的变化形成。该矩阵包含波长、折射率、光照和观测方向三个变量，由此导出了两种或多种波长、折射率变化、光照方向变化，根据干涉条纹的变化获得测量场景的深度信息。干涉法受测量环境的影响比较大，对环境稳定性要求较高。

5. 聚焦深度法

聚焦深度法的实现原理为，相机采集场景对应的光心位置，调整摄像机的焦距使被测场景处于聚焦位置，恢复场景光场，获取目标场景不同焦深的图像，精确聚焦点的轨迹在三维空间中形成了一个双曲的近似表面。只有当场景中的物体相交于这个表面时，它们的图像才会聚焦，远离这个精确焦点表面的物体被模糊，这是摄影师熟悉的景深效果。离焦或模糊的程度完全取决于到精确焦点表面的距离和透镜系统的特性，当成像点与精确焦点表面之间的距离增大时，成像物体逐渐离焦。如果可以测量图像中给定点的模糊程度，那么就可以使用镜头系统参数计算到场景中相应点的距离。但该方法的难点在于不易精确地建立离焦模型。

2.2.2 有纹理投影幕材质感知机制

为了感知投影介质表里纹理信息，解决投影图像颜色补偿问题，一种典型的投影机颜色补偿系统由摄像机—投影机和放置在固定距离和方向上的投影面组成。首先，投影机将一系列采样输入图像投影到投影表面，然后根据投影表面材料对采样图像进行吸收、反射或折射，一旦相机捕捉到所有投影的采样图像，就会拟合一个复合辐射传输函数，将输入图像映射到捕获的图像。然后，这个函数用于推断新输入图像的补偿图像。现有的解决方案通常显式地对补偿函数建模，并使用各种简化假设，允许从收集的样本中估计参数。然而，这些假设在实践中经常是不成立的。此外，由于在投影、反射和捕获过程中光度测量过程极其复杂，要准确地、显式地建模补偿极其困难。辐射补偿方法在纹理表面投影时，消除了纹理空间变化的表面反射率的影响。所有之前的工作都是在每个像素上对投影仪到相机的表面通过反射率辐射传递函数进行采样，这就要求相机观察几十或数百张投影仪投射的图像。还有的算法是将这个过程简化为投影仪的预投影图像与相机拍到的图像做像素一一对应，然后对每个像素逐一拟合出一个光学补偿函数。该方法在保证映射函数在屏幕上平滑变化的前提下，利用屏幕上每个位置的色域来避免颜色突变。但每一个投影仪的像素并不是跟每个相机像素一一对应的，这样的简化会影响投影仪光学补偿的效果。

上下文感知方法通常通过集成更多信息来改进以前的方法，然而，由于全局光照、投影面和输入图像之间存在复杂的相互作用，很难对理想的补偿过程进行建模或近似。此外，现有的研究大多集中于减少像素的颜色误差，而不是共同提高目标图像的颜色和结构相似性。研究者通过卷积神经网络(convolutional neural networks，CNN)在图像处理中的作用，提出了通过CNN学习复杂的光学补偿函数。深度学习的方法属于上下文感知的方法，并且通过使用CNN架构捕获了更丰富的上下文信息。基于端到端的学习解决方案，可以隐式地、有效地建模复杂的补偿过程。用数学公式推导出使用一张拍摄的屏幕纹理图像和屏幕投影后图像，指导网络模型推导出失真图像和原图像的关系。公式推导过程如下：

$$\tilde{x}=\pi_c(\pi_s(\pi_p(x),g,s)) \tag{2.13}$$

式中，x 为投影仪输入的图像；π_p 为投影仪和相机的复合几何投影；π_c 为辐射传递函数；s 为表面光谱反射特性；π_s 为光谱反射函数；g 为全局照明辐照度分布；$\tilde{x}$ 为相机捕获的图像。

要得到可以抵消投影屏幕纹理和环境光照影响的投影仪输入图像，使相机拍摄到的图像和预投影的图像一致。即要推出公式(2.14)：

$$\pi_c(\pi_s(\pi_p(x^*),g,s))=x \tag{2.14}$$

式中 x^* 为最后要求得到补偿后的投影仪输入图像。

但是在自然场景中，环境光中光谱相互作用与光谱响应较为复杂，用传统的方法不能进行处理，而且实际上也无法直接给出全局照明辐照度分布 g 和表面光谱反射特性 s。所以，使用相机拍摄投影屏幕背景图像后，利用这张图像提取实际环境中的光谱相互作用是很好的解决方法，公式为

$$\tilde{s}=\pi_c(\pi_s(\pi_p(x_0),g,s)) \tag{2.15}$$

式中，x_0 为纯灰色图像以提供一些照明。使用深度神经网络解决方案重新定义投影幕的材质感知机制，能够保持投影仪补偿的复杂性。

2.3　本章小结

本章主要介绍了相关的基础知识。对人眼视觉感知特性与视觉设备成像机制进行了分析。通过对视觉信息处理过程的分析、人眼成像原理分析以及人眼对于图像的对比感知,重点介绍了人眼视觉的感知特性。分析了相机的数字成像原理以及数学表达。在投影仪显示数理模型分析部分,重点分析了主流的投影仪显示系统结构和投影仪工作梳理模型;然后介绍了自然投影介质深度和纹理材质的感知机制。分别介绍了主流的五种深度获取方法,即立体视觉法、结构光法、TOF 相机法、干涉法和聚焦深度法,分析了这些方法的适用区域和各自的利弊。最后对有纹理的投影幕材质感知机制进行了分析和介绍。

第 3 章　三维点云数据处理

非规则投影介质的几何形态会使投影到其表面的图像发生畸变，为了对这类图像进行畸变校正，首先需要获取非规则投影介质的三维几何数据。目前主要使用点云描述目标表面的三维几何特性。如何获取稠密高精度的非规则投影介质的点云数据是进行畸变校正的重要基础，点云数据的质量直接影响几何畸变校正的效果。大多数点云数据是由3D 扫描设备产生的，为获取高质量的点云数据往往需要价格高且操作复杂度较高的设备，对于使用消费级深度相机获取的点云数据，大多存在精度不高且包含较多噪声和孔洞等问题。本章分别针对传统和基于深度学习的两种类型方法，开展了点云数据的去噪和孔洞修补算法的研究。

3.1　点云去噪处理

点云去噪算法要在去除噪声和保留特征之间取得平衡，即在保留物体表面的锐利特征和局部细节的同时消除噪声。目前，点云去噪算法包括基于非深度学习的算法和基于深度学习的算法两种。非深度学习的去噪算法中针对有序点云的去噪算法主要有维纳滤波、最小二乘滤波、中值滤波、卡尔曼滤波、均值滤波和高斯滤波等去噪算法；针对散乱点云数据的经典算法有拉普拉斯算法、双边滤波算法、平均曲率流算法和均值漂移算法等。近年来，利用深度学习进行点云去噪的算法研究也有很多，例如，PointCleanNet[108]、NPD[109]、Total Denoising[110]、GLR[111]以及 DMRD[112]都是基于深度学习的点云去噪算法的先驱。本书主要研究改进的基于双边滤波的传统非深度学习的点云去噪算法和改进的基于流形重构的点云去噪算法。

3.1.1　基于双边滤波的点云去噪

应用双边滤波器进行图像去噪能够保持图像边缘特征的同时平滑图像[113]。双边滤波是一个非线性滤波器，其中每个像素的权值是用空间域的高斯函数乘以强度域的影响函数来计算的，该函数减少了具有较大强度差异的像素的权值。Tomasi 等[114]提出了一个非迭代的、局部的、简单的双边滤波器，以一种符合人类感知的方式平滑和保留边缘。与传统的低通滤波器相比，双边滤波器不仅考虑了像素间的距离加权，而且考虑了像素灰度值间的差加权，其每一个像素点的灰度输出见公式(3.1)。

$$\hat{L}(q)=\frac{\sum_{k\in N(q)} W_{\sigma_c}(\|q-k\|)W_{\sigma_s}(|L(q)-L(k)|)L(k)}{\sum_{k\in N(q)} W_{\sigma_c}(\|q-k\|)W_{\sigma_s}(|L(q)-L(k)|)} \tag{3.1}$$

式中，q 是像素点；$N(q)$是 q 的邻域像素集合；k 是 q 的邻域像素点；($\|q-k\|$)为像素 q 和相邻像素 k 的几何距离；$L(q)$是像素 q 的灰度；($|L(q)-L(k)|$)为像素 q 和相邻像素 k 之间的色彩距离；W_{σ_c} 和 W_{σ_s} 分别为距离域的加权函数和值域的加权函数，当灰度值相差较大时，加权系数很小，所以可以更好地保护图像边界。

基于双边滤波的点云去噪算法，其仅与顶点的位置信息和法向量信息相关，无法有效利用顶点的亮度信息。因此本书提出基于顶点亮度、位置与法向量的双边滤波器。双边滤波用于图像处理时，利用其邻域像素的灰度值的加权平均值代替当前点的灰度值，权函数与当前顶点和周围顶点的距离、灰度相关。在三维点云数据滤波中，定义如公式(3.2)所示。

$$p=p+\alpha \mathbf{N}_p \tag{3.2}$$

式中，p 为数据点；α 为双边滤波权系数；$\mathbf{N}_p$ 为点 p 的法向量。双边滤波中求解权重系数 α 可用公式(3.3)求解。

$$\alpha=\frac{\sum_{k_{ij}\in M(p_i)} W_{\sigma_c}(\|q-k\|,|L(q)-L(k)|)W_{\sigma_s}(\langle n_i,p_i-k_{ij}\rangle)\langle n_i,p_i-k_{ij}\rangle}{\sum_{k\in N(q)} W_{\sigma_c}(\|q-k\|,|L(q)-L(k)|)W_{\sigma_s}(\langle n_i,p_i-k_{ij}\rangle)} \tag{3.3}$$

$M(p_i)=\{p_{ij}\}(1\leqslant j\leqslant k)$是数据点 p_i 的邻域点。点云表面平滑滤波参照标准二维高斯滤波，可用公式(3.4)定义。

$$W_\sigma(x,y)=\mathrm{e}^{-\frac{x^2+y^2}{2\sigma_c^2}} \tag{3.4}$$

特征保持权重函数参照一维高斯滤波，可用公式(3.5)表示。

$$W_\sigma(z)=\mathrm{e}^{-\frac{z^2}{2\sigma_s^2}} \tag{3.5}$$

式中，参数 σ_c 是顶点 p_i 的颜色、邻域距离两个维度的标准差；参数 σ_s 是顶点 p_i 到邻域点距离向量在该点法向 n_i 上的投影对数据点 p_i 的影响因子。

以下为该双边滤波器的算法实现步骤。

(1) 对于数据点 p_i，寻找其 m 个邻域点。

(2) 对于每个邻域点 k_{ij} 计算其与 p_i 的空间距离 $x=\|p_i-k_{ij}\|$ 和亮度距离 $y=|L(p_i)-L(k_{ij})|$；计算特征保持权重函数的参数 $z=\langle n_i,p_i-k_{ij}\rangle$，即点 p_i 与邻域点的距离向量和该点法向的内积。

(3) 计算 $W_c(x,y)$ 和 $W_s(z)$。

(4) 根据 $W_c(x,y)$ 和 $W_s(z)$ 计算 α。

(5) 经过滤波之后的数据点 $p_i=p_i+\alpha n_i$。

(6) 计算并更新所有数据点后，程序结束。

3.1.2 基于流形重构的点云去噪算法

3.1.1 小节改进的传统双边滤波算法用在边界尖锐的投影介质上时保持尖锐边界信息且去除噪声效果较好。本小节提出的基于流形重构的点云去噪算法是一种基于深度学习的去噪算法，对于去噪实时性要求高的点云去噪应用能够获得很好的效果。

受到噪声远离物体表面这一特点的启发，本小节是对 DMRD 算法的改进，该算法本质上是基于曲面拟合去噪方法的扩展。网络结构是一个类似自编码器的神经网络，编码器学习每个点的局部和非局部特征表示，然后通过自适应池化操作获取低噪声采样点。解码器通过将每个采样点连同其邻域的嵌入特征变换到以该点为中心的局部表面来推断原始物体的拟合曲面。最后通过对重构的流形进行上采样，得到去噪后点云。为融合全局和局部特征改进了 DMRD 算法中的特征提取模块，增加了多头自注意机制模块。图 3.1 所示是点云去噪算法的架构示意图，其网络结构由三个模块组成，特征提取和下采样模块组成编码器，第三个流形重构模块是解码器。该去噪网络以噪声点云作为输入，通过下采样模块对低噪声点子集进行采样。然后，根据点云的采样子集重构原始物体表面。最后，对重构的原始物体表面进行上采样，得到去噪后的点云。在本小节中首先介绍该算法的关键思想，之后将详细阐述它的各个组成部分，最后介绍网络的损失函数。

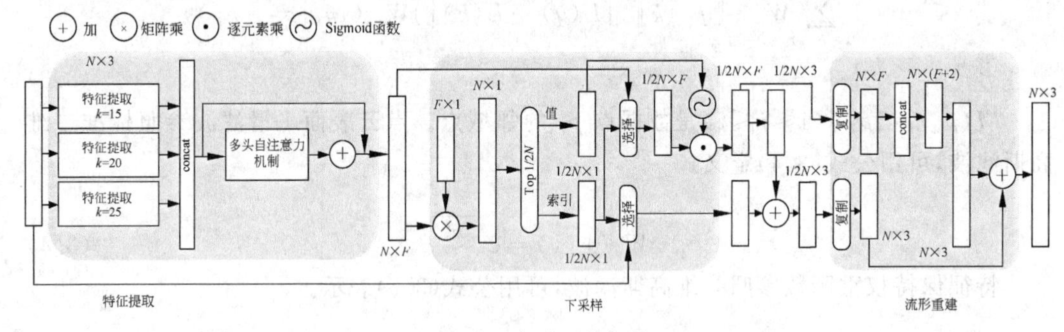

图 3.1 去噪网络架构

在编码器中，通过池化操作对点云 $P\in\mathbb{R}^{N\times 3}$ 进行下采样，得到由 M 个点构成的子集 $S\in\mathbb{R}^{M\times 3}$，并且这些点受到较少的噪声干扰。具体来说，编码器由特征提取模块和下采样模块组成。特征提取模块可以提取点云 P 中每个点的局部和非局部特征。然后，将提取的特征送到下采样模块中，用于识别更接近原始物体表面的点，生成点云子集 S。在解码器中，首先从子集 S 中推断出原始物体的拟合曲面，然后对拟合曲面进行采样，从而产生干净的点云数据 $\widetilde{P}\in\mathbb{R}^{N\times 3}$。

1. 编码器

编码器由一个特征提取模块和一个下采样模块组成，在编码器处，特征提取模块用于提取每个点的局部和非局部特征，然后通过自适应的池化操作获取具有低噪声的采样点。

(1) 特征提取模块。受到 Hassani 等[115]网络中的特征提取算法的启发，改进 DMRD

算法中的特征提取模块，作为本小节点云去噪网络的特征提取模块，特征提取网络结构如图 3.2 所示。该特征提取模块使用一系列图卷积、卷积和池化层，以多尺度的方式从受噪声干扰的点云中学习点的特征。对于每个点，通过在三个邻域半径上应用图卷积提取三个中间特征，并将它们与输入点特征及其卷积特征连接起来。(前三个特征用于编码每个点与其邻域之间的交互，而后两个特征用于编码每个点的信息。)然后，中间特征的连接通过几个卷积和池化层来学习另一层中间特征。本书还增加了自注意力机制，自注意可以作为图像识别模型的基本组成部分。注意力机制，特别是自注意力机制，在视觉领域中的深度特征表示中扮演重要角色。在自注意力机制中，特征图每个位置的更新都是使用计算特征图的加权和得到的，这个权重来源于所有位置中的成对关联，这样自注意力机制建立起长程依赖，提高了特征提取性能。在特征提取模块中所有提取的多尺度的点的特征最后汇集并送到一个 MLP 提取最终的点特征。最终输出一个特征矩阵，其中 N 为点的个数，F 为特征维度。

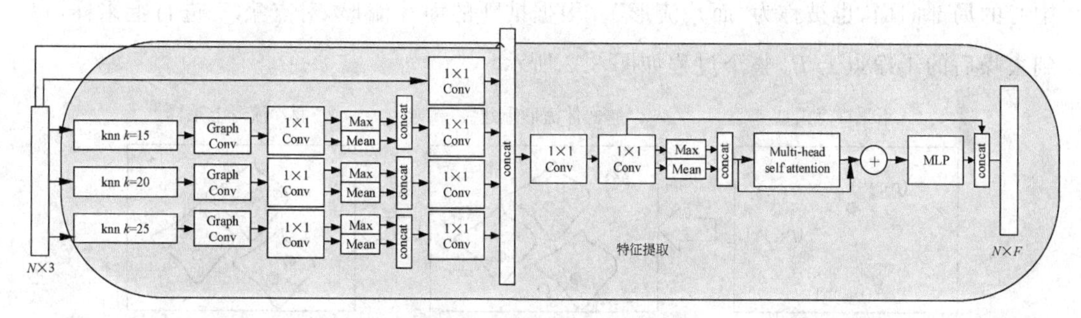

图 3.2 特征提取网络结构

(2) 采样模块。从输入点云 P 中提取多尺度特征后，使用了一种自适应的池化操作，用于自适应地从点云 P 中采样，从而产生点云子集 S。理想情况下，经过池化操作，网络将能够识别更靠近原始物体表面的点，这些点可以更好地捕捉原始物体的曲面结构，因此将用于在解码器处重构原始物体的拟合曲面。与现有的随机采样或最远点采样的方法不同，池化操作在训练过程中可以自适应地学习最佳下采样策略。

首先需要定义池化操作，给定从特征提取模块提取的点云 P 的特征表示 $X\in\mathbb{R}^{N\times F}$，下采样模块首先计算每个点的得分，定义如公式(3.6)所示。

$$s=\mathrm{Score}(X) \tag{3.6}$$

式中，Score(·)是由 MLP 实现的得分函数，它产生得分向量 $s\in\mathbb{R}^{N\times 1}$。在端到端训练过程中，得分函数将给更接近原始物体表面的点较高的分数，给受噪声干扰大的点较低的分数。保留输入点云 P 中得分前 M 的点，而其他点将被丢弃，如公式(3.7)和式(3.8)所示。

$$i=\mathrm{argtop}_M(s) \tag{3.7}$$

$$S=P[i] \tag{3.8}$$

式中，i 是前 M 个点的索引向量；$s\in\mathbb{R}^{N\times 3}$ 是下采样点集。在实验中，设置 $M=N/2$。

为了使得分函数具有可微分性，以便通过反向传播进行训练，可以对采样点集 $X[i]$ 的特征进行以下门运算，以获得 S 的特征 Y，如公式(3.9)所示。

$$Y=X[i]\odot\mathrm{sigmoid}(s[i]\cdot 1^{1\times F}) \tag{3.9}$$

式中，$Y \in \mathbb{R}^{M\times F}$ 为上述门运算后 S 的特征矩阵；$X[i] \in \mathbb{R}^{M\times F}$ 为门运算前 S 的特征矩阵；$s[i] \in \mathbb{R}^{M\times 1}$ 为保留点的得分向量；$\odot$ 表示逐元素乘。

为了进一步降低采样点集 S 的噪声方差，对 S 进行预滤波如公式(3.10)和公式(3.11)所示。

$$\hat{S} = S + \Delta S \tag{3.10}$$

$$\Delta S = \mathrm{MLP}(Y) \tag{3.11}$$

式中，ΔS 是由 MLP 以特征矩阵 Y 为输入产生的结果。预滤波项 ΔS 将 S 中的每个点移动到更接近原始物体的表面，这将使解码器可以进行更精确的流形重构。

2. 解码器

解码器将经过预滤波的点集 $\hat{S}$ 中的点及其嵌入的邻域特征矩阵 Y 转换为以该点为中心的局部曲面，也被称为"面片流形"。根据推断的面片流形，对点集 $\hat{S}$ 进行上采样，得到去噪后的干净点云 $\widetilde{P}$，整个过程如图 3.3 所示。

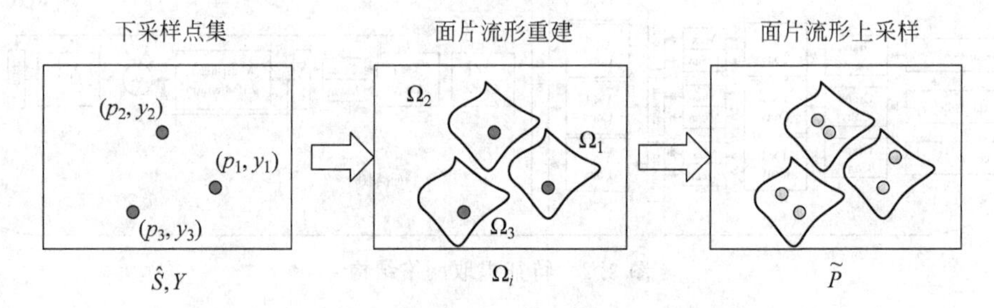

图 3.3　面片流形重建和重采样过程

点 P_i 邻域曲面的几何形状可以用特征向量 $y_i \in \mathbb{R}^F$ 表示，因此 y_i 可以被转换成描述 P_i 局部原始物体的拟合曲面，称这种局部定义的流形为 P_i 局部面片流形。

首先定义一个嵌入三维空间中的二维流形 Ω，该流形被一些特征向量 y 参数化为公式(3.12)。

$$\Omega(u,v;y):[-1,1]\times[-1,1]\to\mathbb{R}^3 \tag{3.12}$$

式中，(u,v) 是二维矩形区域 $[-1,1]^2$ 中的某一点。公式(3.12)将二维矩形映射到由 y 参数化的任意形状的面片流形上，这种映射可以从任意形状的面片流形中提取样本点，首先从 $[-1,1]^2$ 上的均匀分布中提取样本点，然后通过映射将它们转换到三维空间中。

定义到流形 Ω 的映射后，可以将每个点周围的面片流形定义为公式(3.13)。

$$\Omega_i(u,v;y_i) = p_i + \Omega(u,v;y_i) \tag{3.13}$$

这将构造的流形移动到以 p_i 为中心的局部曲面上。

使用面片流形 $\{\Omega_i \mid P_i \in S\}_{i=1}^{M}$ 可以刻画原始物体的表面，通过在这些面片流形上采样，可以得到干净的点云数据 $\widetilde{P}$。具体来说，假设二次采样点集的点数是输入点集的一半，即 $M = |\hat{S}| = 1/2|P|$，为了获得与输入点集 P 具有相同大小的干净点云 $\widetilde{P}$，需要在每个面片流形上采样两次。因此，它本质上是一个上采样过程。

在实践中，参数化面片流形 $\Omega(u,v;y_i)$ 是由 MLP 实现的，如公式(3.14)所示。

$$\Omega_i(u,v;y_i)=\mathrm{MLP}_M([u,v,y_i]) \tag{3.14}$$

选择 MLP 去实现是因为它是一个通用函数逼近器，它的表达能力足以逼近任意形状的流形。然后，从每个流形面片 $\Omega_i([u,v,y_i])$ 中采两个样点，得到干净点云，如公式(3.15)所示。

$$\tilde{P}=\begin{bmatrix} p_1+\mathrm{MLP}_\Omega([u_{11},v_{11},y_1]) \\ p_1+\mathrm{MLP}_\Omega([u_{12},v_{12},y_1]) \\ \vdots \\ p_M+\mathrm{MLP}_\Omega([u_{M1},v_{M1},y_M]) \\ p_M+\mathrm{MLP}_\Omega([u_{M2},v_{M2},y_M]) \end{bmatrix} \tag{3.15}$$

总之，通过从每个点 i 中学习一个参数化的面片并在每个面片流形上采样，可以从有噪声的输入点云中重构一个干净的去噪后点云数据。

3. 损失函数

点云去噪网络是在无监督的情况下进行训练的，因此改进 Total Denoising 中的无监督去噪损失函数作为基于流形重构的去噪网络的损失函数。因为邻域密度较大的点更接近于原始物体表面，所以这可以被视为训练去噪网络的真实点的依据。

损失函数被定义为公式(3.16)。

$$L_U=\frac{1}{N}\sum_{i=1}^{N}E_{q\sim P(q|p_i)}\|f(p_i)-q\| \tag{3.16}$$

式中，$P(q|p_i)$是先验信息，它捕获了来自噪声点云中的点 q 是噪声点云中给定 p_i 的潜在干净点的概率。根据经验，将 $P(q|p_i)$定义为公式(3.17)。

$$P(q\mid p_i)\propto\exp\left(-\frac{\|q-p_i\|_2^2}{2\sigma^2}\right) \tag{3.17}$$

因此，可以根据 $P(q|p_i)$从输入点云 P 中以高概率采集到更接近原始物体表面的点。$f(\cdot)$表示去噪器，它可以将噪声点 p_i 映射到去噪点 q，并且它是噪声点云 P 和输出点云之间的双映射。这种双映射可以在以前的基于深度学习的去噪方法中自然地建立，因为这些方法预测的是每个点的位移。然而，在本小节基于重构流形去噪的方法中，P 和 $\tilde{P}$ 之间没有自然的一一对应关系。因此，可以通过公式(3.18)建立映射关系。

$$f=\arg\min_{f:P\to\tilde{P}}\sum_{p\in P}\|f(p)-p\|_2 \tag{3.18}$$

建立 P 和 $\tilde{P}$ 之间的双映射关系 f 后，就可以使用公式(3.16)作为无监督损失函数。

3.2 三维点云孔洞修补算法

在对点云进行去噪处理后，为了提高点云质量，还要进行点云孔洞的修补。三维点云孔洞修补过程包括点云数据网格化、孔洞边界提取、孔洞边界细化和孔洞边界填充 4 个步骤,流程如图 3.4 所示。

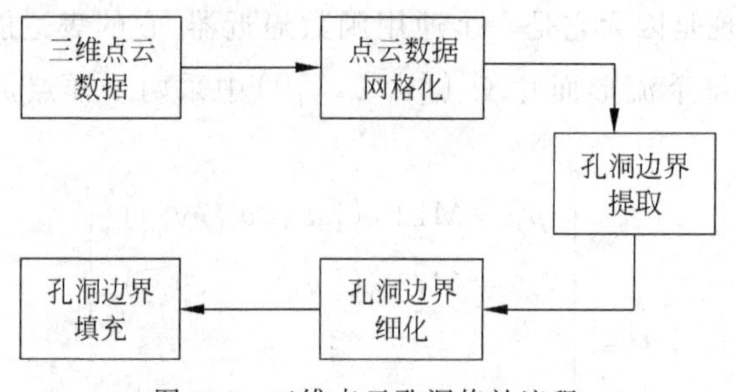

图 3.4　三维点云孔洞修补流程

3.2.1　点云数据分割

对点云数据进行数据分割的目的是使网格可以以一种更加可靠高效的方式生成,分离相对比较平缓的区域。在该功能实现的阶段,所有数据点都被分成了 4 种状态,即自由、邻近、参考和接受。其中,自由点就是还没有被进行过处理的点,在一开始所有的点均被记作自由点;邻近点是指那些靠近当前所产生边的自由点的点;参考点就是被选出用于构造出三角形的点;接受点是指已经用于网格化的点。

以下为其具体实现过程。

(1) 在所有自由点中任意选取一点作为进行处理的起始点。将该点与其 K 邻域内最近的自由点进行连接,产生出三角形的一条边。之后在这两点的 K 邻域内选择出使构造的三角形周长最短的一点,形成初始的三角形。

(2) 确定出一个法向量的夹角值作为对三角形进行扩展的界限值。之后开始对三角形进行扩展,选取初始三角形的一条边,在该边顶点的临近点进行搜索,选择出符合界限值且构成三角形周长最短的一点作为接受点,从而产生出新的三角形。对新的三角形和其他边重新进行该操作,逐步对三角形进行扩展。

(3) 如果过程中发现所有符合界限值的点均为接受点,那么就停止对这条边的扩展。如果所有边都停止了扩展,则可将这些点与原始点云数据进行分离,之后重复步骤(1)开始对另一组点云进行分离,当对所有点云数据均完成了分离后停止该操作。

3.2.2　Delaunay 三角网格化

Delaunay 三角网格被证明在三维点云孔洞修补中具有良好的效果,但是在对大量点云数据进行处理时效率会变低。在这里采用了先将三维点云映射到拟合平面区域,之后在二维平面中进行 Delaunay 三角化,最后将三角网格化后的数据返回三维空间的方法。这样可以提高整体的运算效率。在得到了不同组的三角网格后,利用点与点之间的拓扑关系将之前得到的局部三角网格连接成一个整体,从而完成了对整体点云数据的三角网格化。对于拟合曲面,这里利用最小二乘法对此进行拟合。

在这里拟合曲面方程如公式(3.19)所示。

$$Z(x,y)=ax^2+bxy+cy^2 \tag{3.19}$$

式中,a、b、c 为待求参数;x、y 分别为二维平面中的坐标值。

由最小二乘法原理可以得到,在公式(3.20)中 Q^2 值最小时拟合效果最好。

$$Q^2=\sum_{j=0}^{n}\left(ax_j^2+bx_jy_j+cy_j^2-z_j^2\right)^2 \tag{3.20}$$

式中,x、y、z 是三维空间中的坐标值;n 为点云点个数;a、b、c 为待求参数。

通过对上式的 x、y、z 分别求导并令其等于 0 可以求出拟合平面方程中的 a、b、c。从而获得拟合平面方程的方程式。具体实现步骤如下。

(1) 对经过上文得到的不同分组的点云数据分别利用最小二乘法得到拟合平面。

(2) 之后将每个分组中的散乱点云投影到各自的拟合平面上,利用 Delaunay 三角网格化算法得到点和点之间的关系。

(3) 最后将经过三角网格化后的点云数据映射回三维空间,从而在局部得到了三角网格数据。

(4) 在对不同区域的三角网格进行连接时,选择一个组中的任意一条边,在其非组内的 K 邻域中选择最近的边进行连接。当对一个组中的所有边完成了此操作时则完成了两区域间的连接。

3.2.3 孔洞边界提取

在经过上面的处理后,得到了物体整体的三角网格模型。在对点云数据完成了三角网格化后,开始通过对三角形边的所属关系进行判断,对于孔洞边界的提取,这里主要利用了三角片边的关系来确定,从而实现对孔洞边界的提取。在网格模型中,三角片的每条边可能属于一个三角形或两个三角形。在判断该边是否为边界边的过程中,首先要将已得到的三角片边提取存入边序列之中。之后对边序列进行遍历,将边与之前的三角片序列进行对比,判断该边是否仅存在于一个三角片之中,若是,则将该边存入孔洞边序列;若不是,则继续进行遍历。对于那些属于一个三角形的边可以认为是孔洞的边界,而其他边则属于内部边。根据这个关系对所有三角片的边进行遍历,将提取出来的边界边与其相邻的边界边做标记,当对各三角片检测完后,对所标记的边进行提取,从而得出边界边。为了提高修补的精确性,之后对提取出的边界边利用上采样法进行细化处理。

3.2.4 孔洞边界填充

经过上面的操作后,可以得到一个具有孔洞边界信息的集合。在进行孔洞修补时,利用最小角度法来新增三角片。最小角度法是指将孔洞边界的内角进行计算排序,同时对夹角另外两端点间的距离进行计算,对于那些两点之间距离小于边界边的平均长度的地方，就在此处新增三角片，对此操作进行反复迭代，直到完成孔洞修补为止。为了可以使修补区域和原有区域光滑连接，本书通过上采样法，将孔洞边界做了进一步的细化处理。在进行新增三角片之前，首先要对孔洞边界边相邻顶点之间的平均距离进行计算，作为后面判断是否新增三角片的依据。在新增过程中，需建立新的三角片集合存放补丁区域。在新增三角片时，本书通过利用相邻边非夹角顶点间的距离和平均距离的大小关系作为新增依据，如果非夹角顶点间的距离小于平均距离，则将这两顶点相连形成新的三角片，存入补丁区域，同时对孔洞边界集合进行更新。之后重复此项操作，直到孔洞边界集合仅剩三条边。最后将补丁区域与原始网格进行融合。具体实现步骤如下。

(1) 按照顺序将每个顶点的夹角进行计算，同时将其角度进行排序存储。

(2) 选择所得角度最小的点 A 作为新增三角片的初始点，如果其前顶点 A_1 和后顶点 A_2 之间的连线 A_1A_2 的距离小于各边界边的平均距离，则保留 A_1A_2 边形成 $\triangle A_1AA_2$，将新增三角片的信息更新入原有的链表中。此时如果剩余边界线不大于 3 条，则跳到步骤(4)，否则就进入步骤(3)。

(3) 因为产生了新的三角片 $\triangle A_1AA_2$，此时 A 不再是边界边的顶点，这时就要在原有的链表中将 A 的顶点信息删除，将新的顶点 A_1 和 A_2 存入新的链表之中，之后重新进入步骤(1)。

(4) 当链表中只剩下最后 3 条边时，此时只需要将这 3 条边拼成的三角片存入链表之中，作为最后一片新增的三角片，结束算法。

通过最小角度法形成的三角片可能存在分布不均匀，从而产生出相对不够规整的三角片。补丁区域和原始区域可能存在过渡相对生硬的问题，再利用径向函数建立起隐式曲面，将补丁无限逼近于原始曲面，从而达到光滑过渡的目的。

3.3 基于深度学习的实时点云修补算法

上述传统点云修补方法主要是通过物体的基础结构等先验信息对缺失点云进行修补，主要用于处理一些结构特征较明显的缺失点云。近年来，随着机器学习算法的不断发展，出现了一系列卷积神经网络提取特征方法，使用深度神经网络实时对三维模型进行特征学习成为研究的热点。Maturana 等[116]设计出一种卷积神经网络，用于实时三维物体特征提取，但是该网络的计算量较大。Qi 等人提出 PointNet 网络，用于解决以往深层神经网络不能直接处理非结构化点云数据的问题。然而 PointNet 无法捕捉局部结构，而且只能在一个尺度上获取局部信息来进行特征提取，之后又提出了 PointNet++网络，分层网络结构能够自适应地组合来自多个尺度的特征学习。3D-EPN[117]、PCN-FC[118]和 PCN[119]通常从部分点云学习全局表示，并根据学习到的全局特征生成完整的三维形状。仅从单一的全局形状表征来预测整个点云存在结构细节信息丢失的问题。

3.3.1 网络架构设计

本小节的点云修补网络主要由自动编码器、生成对抗网络和强化学习代理组成。每个组件都是一个单独训练的卷积模块。第一阶段自编码器使用原始完整点云作为数据集进行训练，经过训练的编码器（E）用于提取训练集中每个点云的全局特征向量编码（global feature vector，GFV）。第二阶段使用所提取到的GFV训练GAN，使用生成器（G）生成新的特征向量，解码器（H）会将G生成的特征向量生成点云。鉴别器（D）会通过观察G产生的GFV选择更合理的形状。第三阶段将RL-agent与预先训练好的AE和GAN一起进行训练，RL-agent将为GAN的发生器选择正确的种子。

网络的前向传播如图3.5所示，训练后自动编码器将还有孔洞的不完全点云编码为GFV。训练后的RL-agent为GAN网络的生成器G选择合适的种子，经过生成器后将产生无孔洞的GFV，最后经过自动编码器得到修补完成的点云表示，输出修补后的点云。

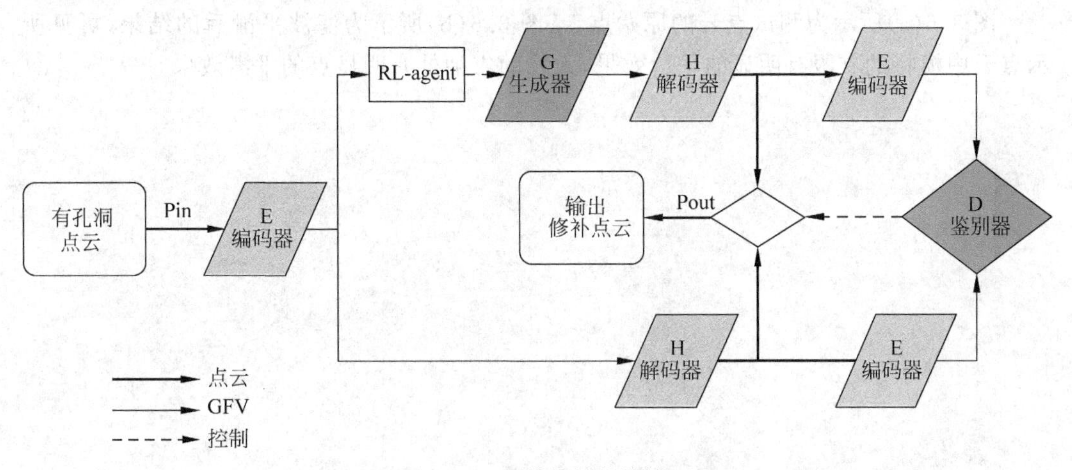

图3.5　网络的前向传播

3.3.2 网络损失函数选取

点云是一种无序、不规则的数据结构，因此定义点云距离需要对点的排布具有不变性。合适的距离至少要满足以下3个条件：①相对于点的位置是可微的；②计算效率高；③对集合中少量的离群点具有鲁棒性。因此，这里的点云距离可以采用推土机距离EMD，也可以采用倒角距离CD。EMD距离用于衡量在某一特征空间下两个多维分布之间的不同。

本小节中使用EMD作为损失函数，是因为EMD距离在任何地方都是可微的，EMD是基于两个点云S_1、S_2之间的距离公式，如公式（3.21）所示。

$$d_{\mathrm{EMD}}(S_1,S_2)=\min_{\phi:S_1\to S_2}\sum_{x\in S_1}\|x-\phi(x)\|_2 \tag{3.21}$$

式中，ϕ 是 S_1 到 S_2 的双映射。EMD 的方法就是找出一个映射能够使 S_2 的点转换成 S_1 的点的距离最近，从而该映射就是最优映射。最佳的双映射点在点的无穷小运动下是唯一且不变的。

3.4 三维点云数据处理实验分析

3.4.1 三维点云去噪算法实验分析

改进的双边滤波算法使用的实验平台其 CPU 为 Intel 至强 2660v3 10 核 20 线程；32GB 内存；GPU 采用 nVidia Quadro K5000。并使用 OpenMP 和 CUDA 并行库进行了并行化优化。

1. 基于双边滤波的点云去噪

图 3.6(a)所示为测试点云的原始点云，图 3.6(b)所示为滤波平滑后的结果，可见所示点云中模特的衣服有明显的平滑效果，人物的衣袖处有明显点的平滑效果。

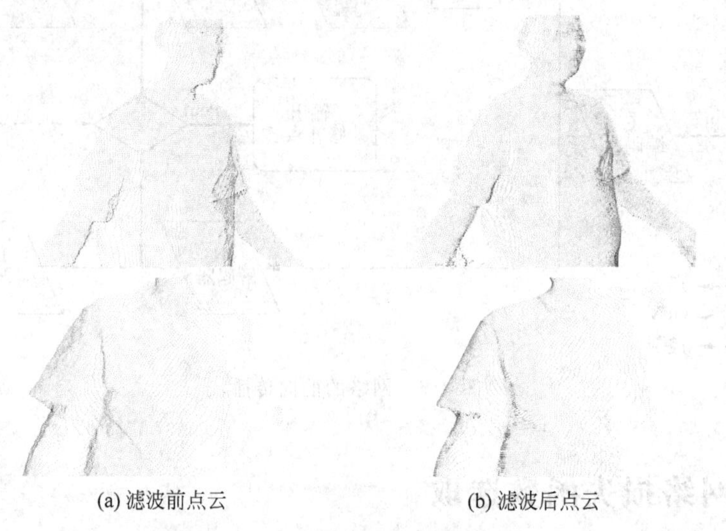

(a) 滤波前点云　　(b) 滤波后点云

图 3.6　基于双边滤波的去噪测试点云

本小节所述的利用点云亮度、空间特征改进的双边滤波器，不仅能够去除点云中的小尺度噪声，同时能够较好地保留点云的边界等尖锐特征。

2. 基于流形重构的点云去噪

基于流形重构的点云去噪算法的训练集来自于 ModelNet-40 数据集，包含 40 个对象类别的 12311 个 CAD 模型；从 ModelNet-40 数据集中收集了 13 个不同的类，每个类中包括 7 个不同的形状网格；使用泊松圆环采样从网格中采样。

为了验证网络的有效性，在两个数据集上进行了测试。第一个测试集来自于

ModelNet-40 数据集。收集了8个类,每个类中包括20个形状网格,使用泊松圆环采样从网格中采样,生成的点云个数为50k点,使用标准方差为1%、2%和3%的高斯噪声作为扰动噪声。第二个测试集来自于 ShapeNet 数据集,这个数据库由55个类别的三维形状组成,每一种形状都由一系列网格描述。在使用之前,必须对数据进行采样和规范化。首先对每个形状采样30720个均匀分布的点,然后对得到的点云的直径进行归一化,以确保数据在相同的尺度上。选择其中10个不同的类别作为测试集,包括飞机、长凳、汽车、椅子、灯、枕头、步枪、沙发、扬声器、桌子。

使用真实点云 P_{gt} 与输出点云 $\widetilde{P}$ 之间的倒角距离 CD[120] (chamfer distance)作为评估指标,该评估指标被广泛应用于点云去噪算法比较中。它会计算去噪点到原始物体表面的平均距离。首先计算每个去噪点到其最近的真值点的平均距离,然后计算每个真值点到其最近的去噪点的平均距离,CD 是它们的平均值,用公式(3.22)求得。

$$C(P_{gt},\widetilde{P})=\frac{1}{|\widetilde{P}|}\sum_{q\in\widetilde{P}}\min_{p\in P_{gt}}\|q-p\|_2+\frac{1}{|P_{gt}|}\sum_{p\in P_{gt}}\min_{q\in\widetilde{P}}\|p-q\|_2 \tag{3.22}$$

式中,第一项度量的是从每个输出点到目标曲面的距离;第二项直观地表示输出点云在目标曲面上的均匀分布。

在本节中,展示了在 ModelNet-40 和 ShapeNet 数据集上的定性和定量结果。首先,在数据集 ModelNet-40 上进行了测试,证明其算法的有效性。其次,在 ShapeNet 数据集上进行了测试。

图3.7所示的是在 ModelNet-40 数据集上不同高斯噪声水平下的视觉去噪结果,包含的类别有飞机、床、瓶子、椅子、杯子、桌子、灯。前两列是标准方差为3%的高斯噪声为扰动噪声的去噪结果,中间两列是标准方差为2%的高斯噪声为扰动噪声的去噪结果,后两列是标准方差为1%的高斯噪声为扰动噪声的去噪结果。可以看出,改进的方法在数据集 ModelNet-40 上表现出良好的去噪效果,并且保留了模型的细节特征。图3.8所示的是在 ShapeNet 数据集上不同高斯噪声水平下的视觉去噪结果。前两列是标准方差为2%的高斯噪声为扰动噪声的去噪结果,中间两列是标准方差为1.5%的高斯噪声为扰动噪声的去噪结果,后两列是标准方差为1%的高斯噪声为扰动噪声的去噪结果。可以看出,改进的方法在数据集 ShapeNet 上表现出良好的去噪效果,并且保留了模型的细节特征。

图3.9所示为获取的扭曲幕布点云去噪结果图。可以看出,该去噪方法可以有效地去除点云中的噪声,并且也说明在数据集 ModelNet-40 上训练的网络同样可以适用于其他点云数据的去噪,算法具有通用性。

本节将基于非深度学习的去噪方法与其他点云去噪方法进行了定量比较,包括 DGCNN[121]、APSS[122]、RIMLS[123]、AWLOP[124]和 MRPCA[125]。APSS 和 RIMLS 是常用的基于最小二乘法的表面拟合方法,AWLOP 是另一种曲面拟合方法,MRPCA 是一种基于稀疏性的方法。从表3.1可以看出,本节的方法优于上述所提的其他去噪方法。在大部分的类别中倒角距离都是较小的,对高噪声水平具有很好的鲁棒性。

3%高斯噪声
去噪结果
2%高斯噪声
去噪结果
1%高斯噪声
去噪结果

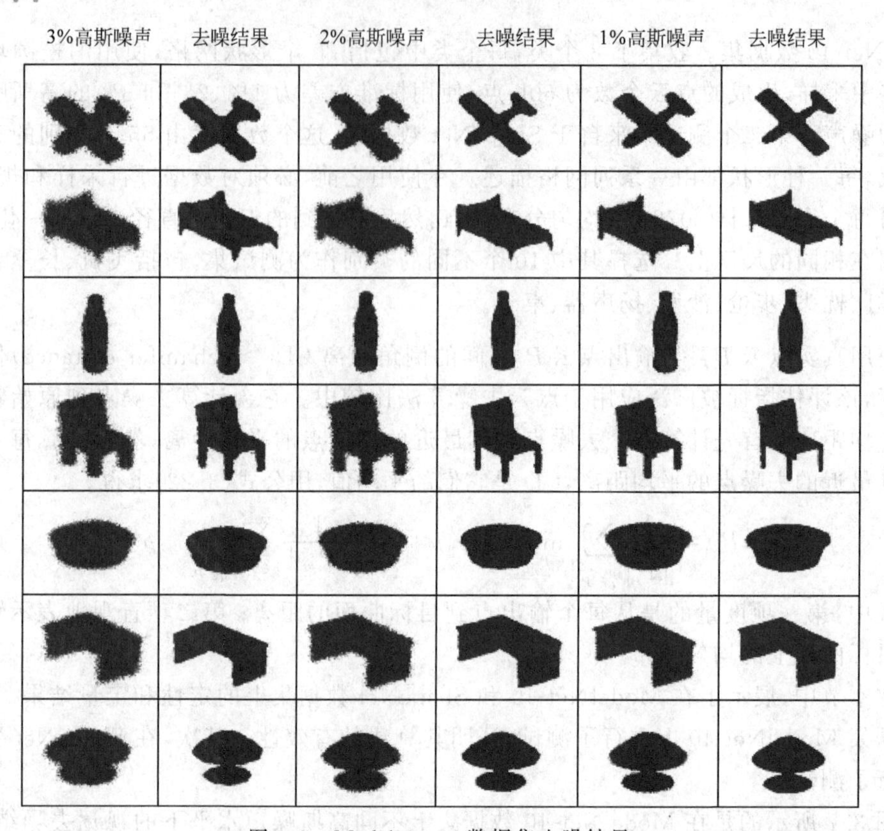

图 3.7 ModelNet-40 数据集去噪结果

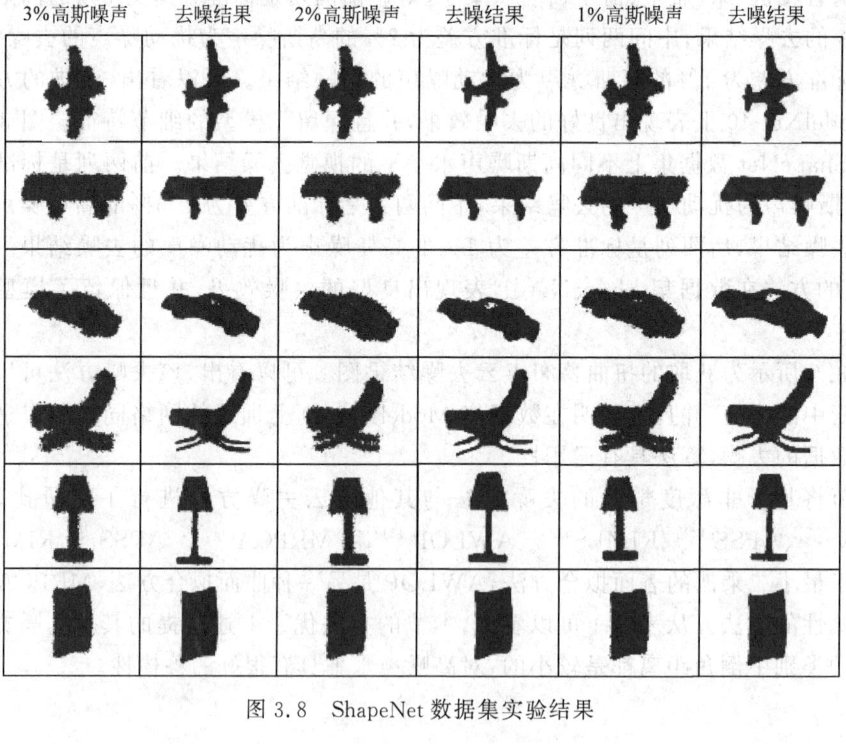

3%高斯噪声
去噪结果
2%高斯噪声
去噪结果
1%高斯噪声
去噪结果

图 3.8 ShapeNet 数据集实验结果

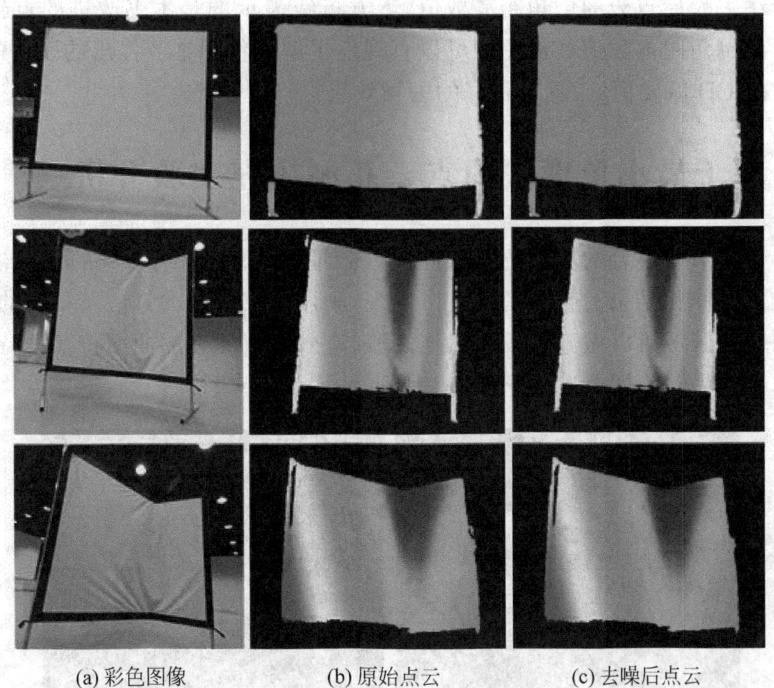

图 3.9　幕布点云去噪结果

表 3.1　倒角距离(CD×100)，$\sigma=0.02$

方　法	飞机	长凳	汽车	椅子	灯	枕头	沙发	桌子
APSS	175.68	166.85	141.69	160.01	178.08	164.83	166.34	171.25
RIMLS	186.24	182.42	167.78	155.38	198.22	196.53	190.91	179.81
DGCNN	161.79	161.52	148.74	163.75	204.05	215.58	184.11	168.32
AWLOP	145.94	157.29	145.51	158.12	187.31	206.14	178.93	162.36
MRPCA	123.71	127.51	109.49	122.70	146.41	150.65	133.98	125.72
本书	77.77	98.85	86.58	125.32	107.18	83.67	85.1	92.21

图 3.10 所示为本节改进算法与 Luo 等[112]所提出的去噪算法的比较。使用测试数据集(ModelNet-40 的子集)中的 162 个不同形状的点云来评估。图中上方折线表示的是

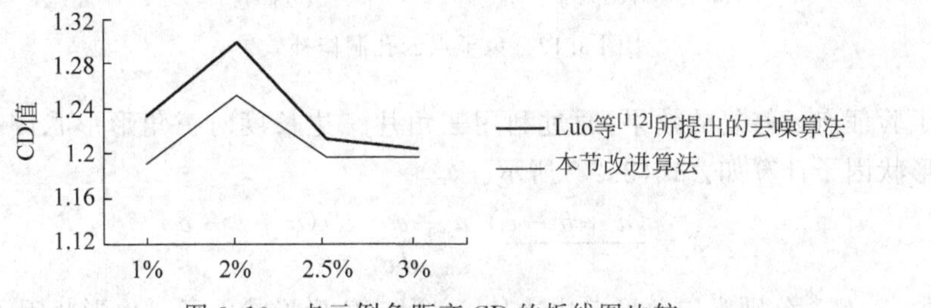

图 3.10　点云倒角距离 CD 的折线图比较

通过去噪算法去噪后点云的倒角距离数值,下方折线表示的是本书改进的点云去噪算法去噪后点云的倒角距离数值。从图中可以直观地了解到使用本节提出的改进的点云去噪算法去噪后的 CD 值要更低,具有很好的去噪效果。

3.4.2 基于最小角度法的点云孔洞填充实验分析

为了对 3.2 节所整合的算法的有效性进行验证,选择了三组不同的带洞模型进行修补实验。通过对修补结果的直观观察可以发现,利用本书整合的算法所得到的修补结果,孔洞区域和原始区域可以做到比较自然地过渡,有效地对原有的曲面特征进行了保留,具有良好的修补效果。如图 3.11～图 3.13 所示。

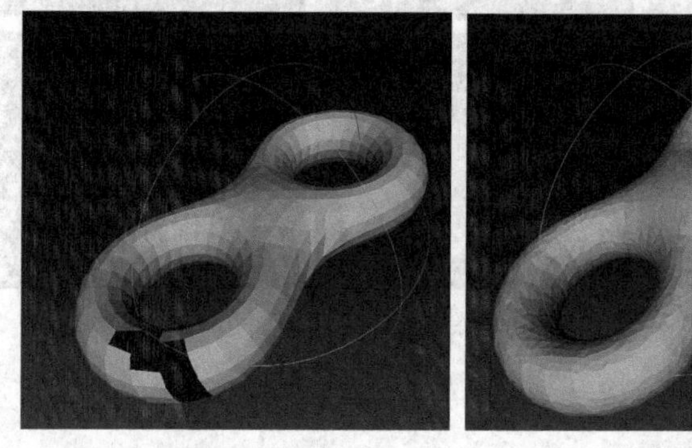

(a) 待修补八连环　　(b) 修补后的八连环

图 3.11　八连环点云孔洞修补效果

(a) 待修补的兔子

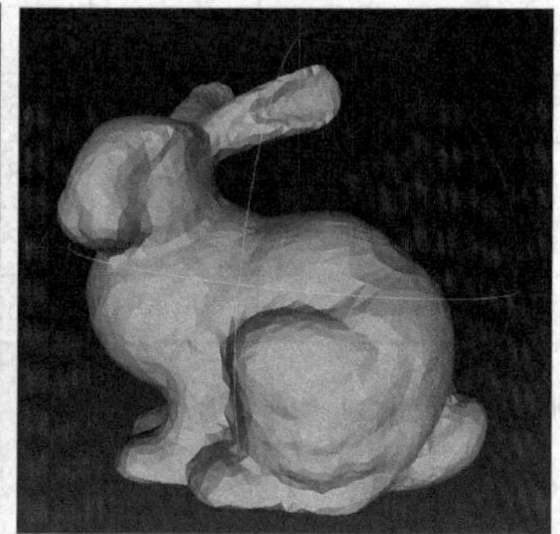

(b) 修补后的兔子

图 3.12　兔子点云孔洞修补效果

为了验证点云修复的效果,通过利用三角片三边长度对三角形形状因子[126]进行了计算。形状因子计算如公式(3.23)所示。

$$\lambda = \frac{(a+b-c)(a+c-b)(b+c-a)}{abc} \tag{3.23}$$

式中,a、b、c 分别为三角形三边边长;λ 为三角形形状因子。由形状因子特点可知形

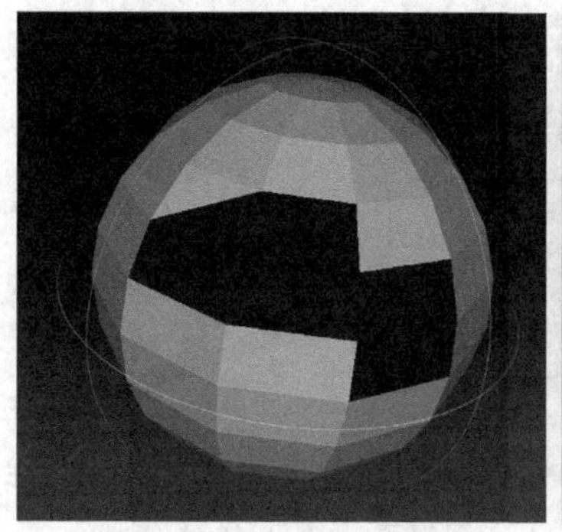
(a) 待修补的球

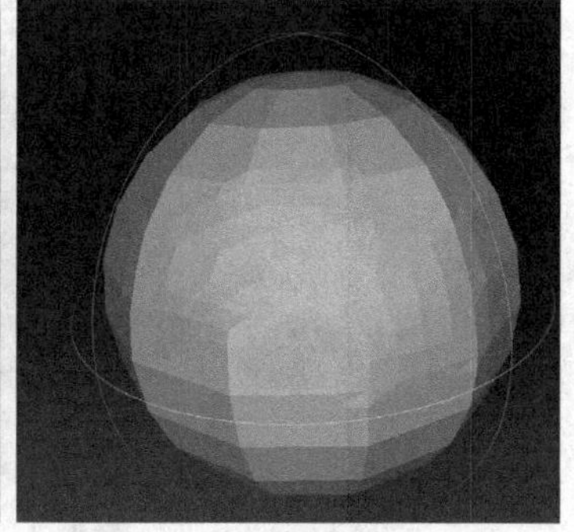
(b) 修补后的球

图 3.13　球点云孔洞修补效果

状因子越接近1，该三角形片面就越规整。由表3.2可知，经过修补的图像中，平均形状因子均大于0.7，满足试验指标，有较高的网格质量。

表 3.2　平均形状因子

图像名称	平均形状因子
八连环	0.7941
兔子	0.7523
球	0.8102

3.4.3　基于深度学习的实时点云修补实验分析

对3.3节所提出的算法在两个数据集上展示了定量和定性的实验结果。首先，在来自真实世界的激光雷达扫描的部分点云上测试本小节的修补方法，展示在真实数据集上的有效性；其次，在ShapeNet数据集上测试本节的方法。

使用来自ShapeNet的合成CAD模型创建一个数据集来测试所提算法的有效性。输入的是缺失点云，期望得到的是高质量和高分辨率的补全点云。图3.14所示展示了本节中的方法在ShapeNet数据集上的修补结果，展示的分别是灯、椅子、汽车、飞机、船等类别的修补结果。总体来说，大多数类别的修补结果都达到了预期。

在ShapeNet数据集上测试点云修补完成的时间。使用训练好的模型进行点云修补测试，输入缺失点云，输出完整的点云。每一类修补所需要的平均时间见表3.3。可以看出，本节的方法可以做到实时的点云修补。

表 3.3　点云修补完成时间

类　别	飞机	柜子	汽车	椅子	台灯	沙发	桌子	轮船
平均时间/ms	8.76	7.65	7.71	7.89	8.34	7.47	7.48	7.47

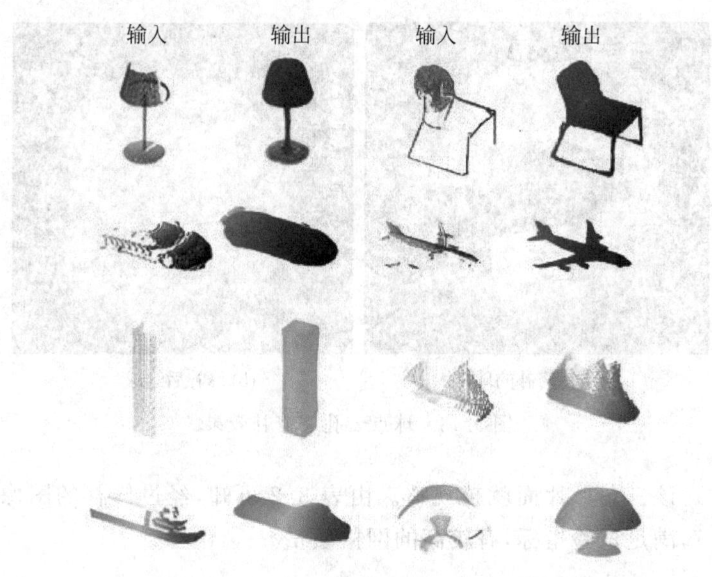

图 3.14 ShapeNet 数据集中部分点云修补效果

3.5 本章小结

为了去除三维点云中的噪声和孔洞，本章深入研究了三维点云数据处理的方法。首先提出了基于改进双边滤波的点云去噪方法。针对实时性要求高的点云去噪应用提出了一种改进的基于流形重构的点云去噪算法，详细介绍了该算法的网络结构及原理，并通过实验验证该算法的去噪性能。本章对多种孔洞边界提取算法和孔洞修补算法进行了对比研究，分析了现有部分算法的优势和不足之处，通过对现有部分算法的优缺点和使用局限性进行比较，将基于三角网格模型的孔洞边界提取算法与通过新增三角片完成孔洞修补算法相结合，实现了对三维点云孔洞的修补。经过对修补后所得到的效果图进行观察和对比，发现修补效果良好，基本保存了原有曲面的特征。进一步对其平均形状因子进行了计算，结果同样满足技术指标的要求。由此可以验证本章所整合算法的优势。最后提出了基于深度学习的实时点云修补算法，设计的网络结构在实验中证明了本章的方法可以做到实时有效的点云修补，解决了传统点云修补方法不能做到实时修补的弊端。

第4章　移动视点的智能投影几何校正

当投影仪将图像投射到不规则投影介质时，为了使投影介质上的图像呈现出符合理想视觉效果的状态，在投射图像前需要对预投影图像进行几何畸变校正。常用的几何畸变校正方法大多都是基于某个观察视点来进行的，依据观察视点将投影系统分成了静态投影和动态投影两种应用类型。静态投影是指用户的观看视点静止不动，投影仪、投影介质和用户三者相对位置固定不变。在这种情况下，只需要将相机放置在用户的观看视点处，通过对相机拍摄的图像等信息进行有效的几何畸变校正即可。移动投影是指用户相对于投影仪和投影介质是运动的，这种情况的校正过程相对复杂，需要首先捕获用户观看视点的位置，然后估计出基于观看视点的投影介质的三维信息，基于此才可以实现几何畸变校正。为此，本章在实现理想视点的投影几何校正基础上研究基于移动视点的几何畸变校正。由于现在消费级的深度相机成本低，因此可以实现投影介质的三维点云数据的实时获取。使用第3章的点云去噪和修补方法对点云数据进行预处理，在此基础上对投影图像进行几何畸变校正，最终实现用户在任何视点都能观看到符合人类视觉感知的投影图像。

4.1　基于理想视点的投影图像的几何校正

现在市场上消费级的投影仪已经自带一部分畸变校正的功能，但多数是简单的梯形校正。当投影介质是不规则形状时投影画面会发生不同程度的畸变，只使用梯形校正功能不能得到较好观看效果的画面，这种畸变的校正就需要获取投影表面的三维信息以求解校正参数。利用 Azure Kinect 深度相机的两个摄像头，同时采集彩色图像及深度数据，计算不同深度下投影表面显示出的图像与投影仪投射出的图像间的映射关系，根据映射关系对计算校正参数，对在投影表面呈现出畸变的图像部分进行反向变换，投影仪投射出的图像经历两次的形变，以抵消由不规则投影介质表面造成的投影畸变现象，在非规则自然介质上的投影画面从而也能符合用户视觉习惯。非规则介质投影画面几何校正的示意图如图4.1所示。

按上述方法，在进行几何畸变的校正时可以先拍摄投影介质表面上的畸变图像，然后求解预投影图像和畸变图像之间的投影关系，再对预投影图像的每个像素进行映射关系逆变换，最后对变换后的图像进行投影，可以得到没有畸变的投影效果，但此方法要对像素逐一进行操作，复杂度高，效率低。为了避免像素间一对一的操作，可以选择若干投影

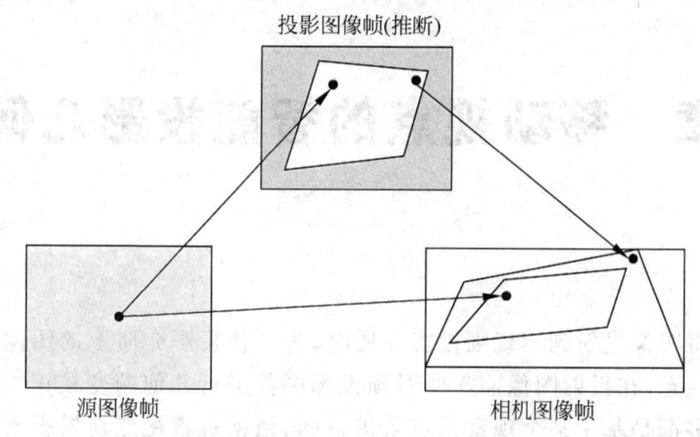

图 4.1　非规则介质投影画面几何校正示意图

图像的特征点，根据预投影图像和投影后的畸变图像上特征点之间的映射关系进行校正，然后用双线性插值对相邻特征点之间进行插值，最终完成整幅图像的畸变校正。预投影图像和相机拍摄的图像之间的转换关系就可以用矩阵变换来表示，对应的变换关系如公式(4.1)所示。

$$\begin{bmatrix} mx \\ my \\ m \end{bmatrix} = \begin{bmatrix} p_1 & p_2 & p_3 \\ p_4 & p_5 & p_6 \\ p_7 & p_8 & p_9 \end{bmatrix} \begin{bmatrix} X \\ Y \\ 1 \end{bmatrix} \tag{4.1}$$

式中，$[mx, my, m]^{\mathrm{T}}$ 表示预投影图像点的齐次坐标，$[X, Y, 1]^{\mathrm{T}}$ 表示相机拍摄的图像点齐次坐标。要求出变换矩阵 M 和 m，只需确定 4 对点的对应坐标，再用最小二乘法计算出最优解即可[127]。

4.1.1　Azure Kinect DK 彩色图与深度图的配准

Kinect 设备获取深度图像的原理是利用红外发射器和红外摄像头组成的深度传感器进行深度数据的获取。Kinect V1 深度图像获取原理基于光编码技术，第二代 Kinect V2 和 Azure Kinect DK 的深度图像获取原理是通过连续发射光脉冲到被观测物体上，然后接收从物体反射回去的光脉冲，通过探测光脉冲的往返时间来计算被测物体离相机的距离，即飞行时间[128]。

(1) 光编码技术是通过红外线发射器向空间环境中均匀地投射红外线，当红外线遇到物体时返回形成激光散斑[129]。根据红外线发射距离的远近不同，会在物体表面形成不同的图案，这也就是深度的“体编码”。根据物体表面散斑图案的明暗变化，通过控制红外光源，即可推断出物体在三维空间中的具体位置。利用光编码技术获取深度数据原理如图 4.2 所示。

其中，点 C 是红外摄像头的光学中心；点 L 表示红外发射装置的光学中心；点 P 为参考平面的衍射点；点 P_1 为目标平面的衍射点；点 P'、P'_1 分别为点 P、P_1 在红外摄像机上的投影点；b 为点 C 与点 L 之间的距离；f 为红外照相机的焦距；点 P 的深度为

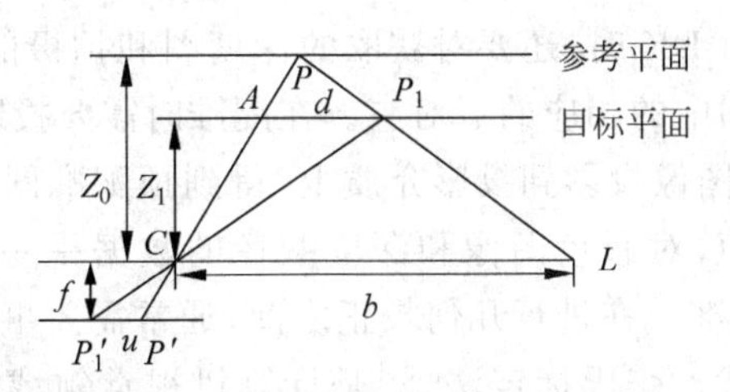

图 4.2　光编码技术获取深度数据原理

Z_0，点 P_1 的深度为 Z_1。

设 $|AP_1|=d$，$|P'_1P'|=u$，由 $\triangle PAP_1$ 与 $\triangle PCL$ 相似可得公式(4.2)

$$\frac{d}{b}=\frac{Z_0-Z_1}{Z_0} \tag{4.2}$$

由 $\triangle AP_1C$ 与 $\triangle P'P'_1C$ 相似可得公式(4.3)

$$\frac{d}{u}=\frac{Z_1}{f} \tag{4.3}$$

联立公式(4.2)和公式(4.3)可得公式(4.4)

$$Z_1=\frac{fb}{u+\dfrac{fb}{Z_0}} \tag{4.4}$$

式中，f、b、u 由 Azure Kinect DK 标定得到。

(2) 飞行时间(TOF)测距原理如图 4.3 所示。飞行时间技术是一种根据光的传播时间来对距离进行测量的技术，其基本原理是由脉冲变调红外线投射器(IR projector)发射具有强周期性的正弦或余弦光脉冲信号到目标物体上，返回的光脉冲信号被红外接收摄像头接收，传感器得到红外光传输时间，根据发射光和返回光的传输时间即可求出景物相对于传感器的深度值。

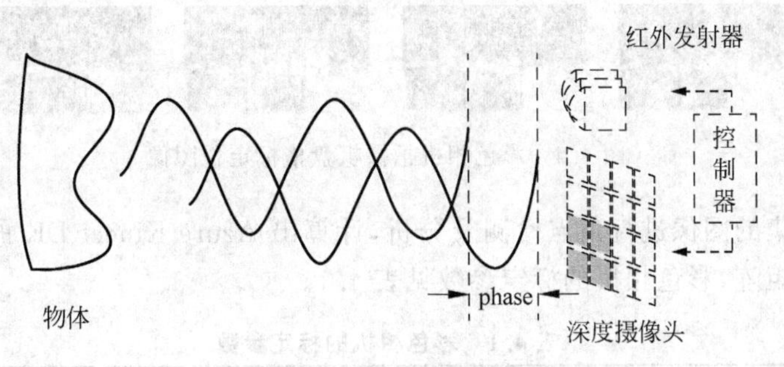

图 4.3　TOF 测距原理

上述测距原理可以用公式(4.5)表示。

$$2d=\frac{\text{phase}}{2\pi}\cdot\frac{c}{f} \tag{4.5}$$

式中，d 为被测物体与传感器之间的距离；phase 为调制信号相位偏移量；c 为常数，约为 $3\times10^8\,\text{m/s}$，即光在空气中传播的速度；f 为传感器的调制频率。

在使用 Azure Kinect DK 时，还要对获取的深度图和拍摄的 RGB 图进行配准，使其获取的图像能与物理空间中的相应的点对应。在配准时需要投影一个设计的棋盘格构成的原始特征图像，将特征图像投影到投影介质上，得到预配准图像，通过特征点检测算法获得这些特征点的坐标值，对彩色图像和深度图像的数据一一对应，实现 Azure Kinect DK 彩色图和深度图的配准。在进行几何校正之前，通常需要事先知道相机的参数，以便排除相机的镜头畸变干扰。张氏标定法[130]是计算机视觉领域常用的相机标定法，只需采用一张物理长度及宽度已知的黑白棋盘格图案即可获取相机的各项参数。在实际选取参照物的过程中选择物理尺寸为 30mm×30mm 的棋盘格作为标定板，分别使用 Azure Kinect DK 的彩色相机和深度相机对标定板进行拍照，分别从中挑选了 20 张图像，图 4.4 所示为彩色相机采集到的图像，图 4.5 所示为深度相机拍摄棋盘格标定板图像。需要说明的是，Azure Kinect DK 指代整个相机，包括彩色摄像头与红外摄像头，而深度相机则指代红外摄像头，后续均采用这一说法。

图 4.4　彩色相机拍摄棋盘格标定板图像

对上述采集的图像进行角点检测及分析，计算出 Azure Kinect DK 的彩色相机与深度相机的内参矩阵，彩色相机的标定参数见表 4.1。

表 4.1　彩色相机的标定参数

参 数 名	表达式	参　数　值
焦距	$[f_x, f_y]$	[903.6768,904.70041]
主点	$[u_0, v_0]$	[958.4166,547.8812]
径向畸变系数	$[k_1, k_2]$	[0.0992,−0.0461]

深度相机的标定参数见表 4.2。

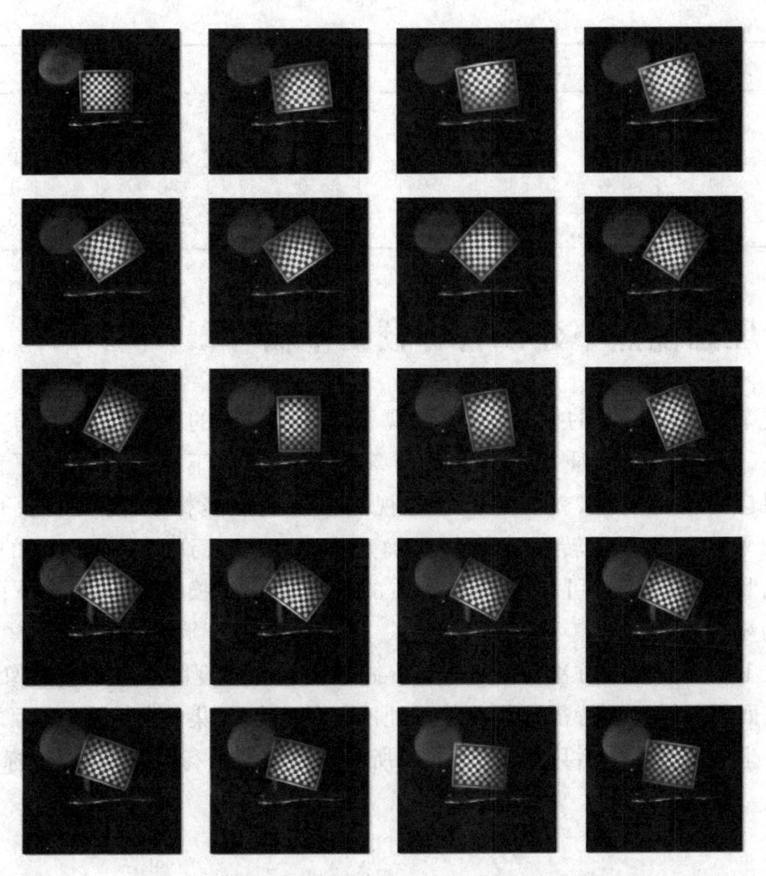

图 4.5 深度相机拍摄棋盘格标定板图像

表 4.2 深度相机的标定参数

参数名	表达式	参数值
焦距	$[f_x, f_y]$	[504.706,504.835]
主点	$[u_0, v_0]$	[321.95,337.776]
径向畸变系数	$[k_1, k_2]$	[1.33998,0.830439]

由于 Azure Kinect DK 获取的深度信息与彩色信息分别由两台相机独立采集,因此需要对两台相机采集到的数据进行配准处理,求出两台相机之间的旋转平移矩阵,将两者配准至同一坐标系下。经过配准处理,对于彩色图像中的每个像素点,既有彩色数据,又有深度数据。表 4.3 为两台相机之间的转换参数。

表 4.3 深度相机与彩色相机转换参数

参数名	表达式	参数值
旋转矩阵	$\begin{bmatrix} r_x & u_x & d_x \\ r_y & u_y & d_y \\ r_z & u_z & d_z \end{bmatrix}$	$\begin{bmatrix} -0.970005 & -0.175240 & 0.168468 \\ 0.029720 & -0.773336 & -0.633299 \\ 0.241262 & -0.609296 & 0.755348 \end{bmatrix}$

续表

参数名	表达式	参数值
平移矩阵	$\begin{bmatrix} 1 & 0 & 0 & 0 \\ 0 & 1 & 0 & 0 \\ 0 & 0 & 1 & 0 \\ -p_x & -p_y & -p_z & 1 \end{bmatrix}$	$\begin{bmatrix} 1 & 0 & 0 & 0 \\ 0 & 1 & 0 & 0 \\ 0 & 0 & 1 & 0 \\ 188.999708 & 321.947603 & -25.428886 & 1 \end{bmatrix}$

4.1.2 理想视点下建立目标校正平面

对于复杂投影介质上的投影，用户要观看到没有畸变的图像，首先要获得投影介质的几何形态。根据投影介质的几何形态计算出理想视点下的目标校正平面。一旦确定了视点对应的校正平面，就确定了理想视点下的视点坐标系，通过计算世界坐标和视点坐标的平移向量和旋转矩阵就可以确定视点坐标系到世界坐标系的转换关系。通过平移向量和旋转矩阵可以将投影介质的世界坐标变换为校正平面下的理想视点坐标系下的坐标。

用 4.1.1 小节所述的方法对 Azure Kinect DK 进行深度图像和彩色图像的配准。在投影介质表面投射棋盘格特征图像。使用配准好的相机采集特征点构成的图像，获得特征点的世界坐标位置。然后用公式(4.6)对所有的深度值进行处理，得到目标校正平面的深度值 z^*。

$$z^* = \frac{\sum_{i=1}^{n} z_i}{n} \tag{4.6}$$

在求出 z^* 值后，就可以确定目标校正平面，与 xoy 平行且通过 z^* 的平面为求得的目标校正平面，确定目标校正平面后，再计算可以投影的目标校正区域。根据所有这些特征点的坐标值，找到特征点横坐标和纵坐标的最小值分别为 $x_{\min}=\min\{x_1,x_2,\cdots,x_n\}$ 和 $y_{\min}=\min\{y_1,y_2,\cdots,y_n\}$，同样找到特征点横坐标和纵坐标最大值分别为 $x_{\max}=\max\{x_1,x_2,\cdots,x_n\}$ 和 $y_{\max}=\max\{y_1,y_2,\cdots,y_n\}$，目标校正区域就为这 4 个点所确定的矩形区域，记为矩形 $ABCD$，三维坐标 $A=(x_{\min},y_{\min},z^*)$，$B=(x_{\max},y_{\min},z^*)$，$C=(x_{\max},y_{\max},z^*)$，$D=(x_{\min},y_{\max},z^*)$。

如图 4.6 所示，$ABCD$ 为理想视点下的目标校正平面，E 为矩形的对角线交点，在 V 点处建立理想视点坐标系，理想视点坐标系同配准好的 Azure Kinect DK 同样采用右手坐标系。将点 V 到 $ABCD$ 处的距离记为 d，那么视点坐标系 V 的 x_v、y_v 轴分别平行于 Azure Kinect DK 相机的 x、y 轴，z_v 轴和 VE 重合并指向 E 点，V 点即为视点坐标系的原点。

这样就可以将视点坐标系转变到世界坐标系下，其中视点 V 的世界坐标系 $V=[(x_{\min}+x_{\max})/2,(y_{\min}+y_{\max})/2,z^*-d]$，视点坐标的平移向量和旋转矩阵分别为 $\boldsymbol{t}=\boldsymbol{v}$ 和单位矩阵(记作 $\boldsymbol{R}=\boldsymbol{I}_3$)。

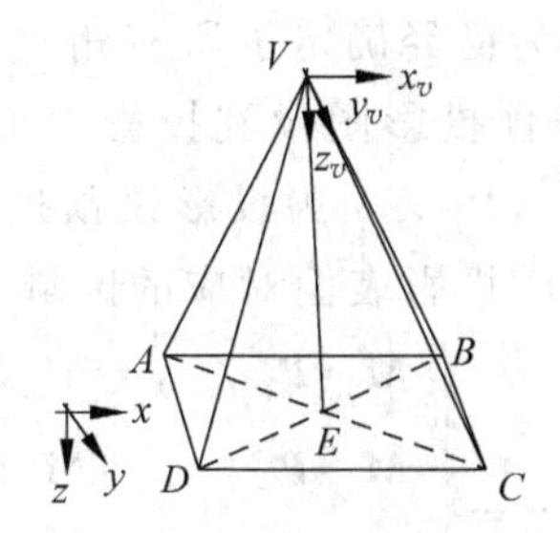

图 4.6　理想视点下的目标校正平面

4.1.3 理想视点下单应性矩阵的求解

如 4.1.2 小节所述，视点坐标系下的特征图上的特征点坐标(u_i, v_i)与投影仪的预投影图像对应的特征点坐标(x_i, y_i)，是通过公式(4.8)进行相互转换的，其中 $c_{00} \sim c_{22}$ 是对应的单应性矩阵里的 9 个元素，其中 $c_{22}=1$，公式(4.7)可以改写成公式(4.8)的形式。为了求出对应区域的单应性矩阵，首先通过公式(4.9)求出视点坐标系下的特征图像 4 个特征角点和投影仪预投影图像所对应的 4 个角点的像素值。从而推导出单应矩阵，记作 $\boldsymbol{M}$。

$$\begin{pmatrix} wu_i \\ wv_i \\ w \end{pmatrix} = \begin{pmatrix} c_{00} & c_{01} & c_{02} \\ c_{10} & c_{11} & c_{12} \\ c_{20} & c_{21} & c_{22} \end{pmatrix} \begin{pmatrix} x_i \\ y_i \\ 1 \end{pmatrix} \quad (i=1,2,\cdots,54) \tag{4.7}$$

$$\begin{cases} x_i c_{00} + y_i c_{01} + c_{02} - u_i x_i c_{20} - u_i y_i c_{21} - u_i = 0 \\ x_i c_{10} + y_i c_{11} + c_{12} - v_i x_i c_{20} - v_i y_i c_{21} - v_i = 0 \end{cases} \quad (i=1,2,\cdots,n) \tag{4.8}$$

$$\begin{pmatrix} x_1 & y_1 & 1 & 0 & 0 & 0 & -x_1u_1 & -y_1u_1 \\ 0 & 0 & 0 & x_1 & y_1 & 1 & -x_1v_1 & -y_1v_1 \\ x_2 & y_2 & 1 & 0 & 0 & 0 & -x_2u_2 & -y_2u_2 \\ 0 & 0 & 0 & x_2 & y_2 & 1 & -x_2v_2 & -y_2v_2 \\ \vdots & \vdots & \vdots & \vdots & \vdots & \vdots & \vdots & \vdots \\ x_4 & y_4 & 1 & 0 & 0 & 0 & -x_4u_4 & -y_4u_4 \\ 0 & 0 & 0 & x_4 & y_4 & 1 & -x_4v_4 & -y_4v_4 \end{pmatrix} \begin{pmatrix} c_{00} \\ c_{01} \\ c_{02} \\ c_{10} \\ c_{11} \\ c_{12} \\ c_{20} \\ c_{21} \end{pmatrix} = \begin{pmatrix} u_1 \\ v_1 \\ u_2 \\ v_2 \\ \vdots \\ u_4 \\ v_4 \end{pmatrix} \tag{4.9}$$

对 Azure Kinect DK 获取的配准图进行角点检测，每行有 9 个角点，共 6 行，使用 Opencv 特征点检测算法对 54 个角点依次做好信息记录并把所有坐标转换为视点坐标系下的坐标，第 1 行第 1 个为第 1 个角点信息，第 54 个角点为第 6 行第 9 个记录的信息。将 54 个角点坐标都转换到了视点坐标系下的坐标，然后把投影仪预投影的棋盘格图像中的 54 个角点用同样的方法通过特征点检测算法得到 54 个特征点的坐标，把预投影图像的 54 个特征点与投影介质上投影图像的 54 个特征点逐一配对。从第 1 个特征点开始，按顺序每间隔 11 个特征点之间的所有角点构成 1 个区域，所有角点可以构成40个区域，因为已经确定了所有角点的坐标值，那么就可以计算出40个相应的单应性矩阵。获得预投影图像到投影表面上投影图像间的坐标转换矩阵离散线性映射集合 $\boldsymbol{M}_{(1,2,\cdots,40)}$，$\boldsymbol{P}_{p_n(x,y)}$ 为投影仪预投影图像中的每块区域，$\boldsymbol{P}_{V_n(u,v)}$ 为在确定的理想视点下自然介质投影表面对应的区域，如公式(4.10)所示。

$$\boldsymbol{M}_{(1,2,\cdots,40)}=\begin{cases}\boldsymbol{M}_1:\boldsymbol{P}_{p_1(x,y)}=\boldsymbol{M}_1\boldsymbol{P}_{V_1(u,v)}\\ \boldsymbol{M}_2:\boldsymbol{P}_{p_2(x,y)}=\boldsymbol{M}_2\boldsymbol{P}_{V_2(u,v)}\\ \vdots\\ \boldsymbol{M}_{40}:\boldsymbol{P}_{p_{40}(x,y)}=\boldsymbol{M}_{40}\boldsymbol{P}_{V_{40}(u,v)}\end{cases}\tag{4.10}$$

使用双线性插值法对投影仪预投影图像中的单个区域进行插值，单应性矩阵 $\boldsymbol{M}$ 为单个区域插值得到几何畸变校正的区域图像，扩展到所有区域，使用公式(4.10)求出变换矩阵集合 $\boldsymbol{M}_{(1,2,\cdots,40)}$。最后可以根据显示区域大小不同的需求对图像进行按比例更改大小，即矢量缩放后得到期望的校正后图像。

4.2 移动视点的投影几何校正

4.2.1 人体头部追踪技术

Azure Kinect DK 作为集成度极高的原生红外传感装置，其内置了深度信息解算方法和人体骨骼关键点跟踪技术，图4.7所示为 Azure Kinect DK 人体骨骼关节点跟踪处理过程，其中BPC为人体部位分类处理过程，OJR为偏移节点回归处理过程。Azure Kinect DK 人体骨骼关节点跟踪算法是通过机器学习的方式来实现人体骨骼跟踪技术，该算法将场景深度信息和人体形态信息相结合，可以精准地跟踪并计算出预先设定的人体骨骼关节点3D位置信息。

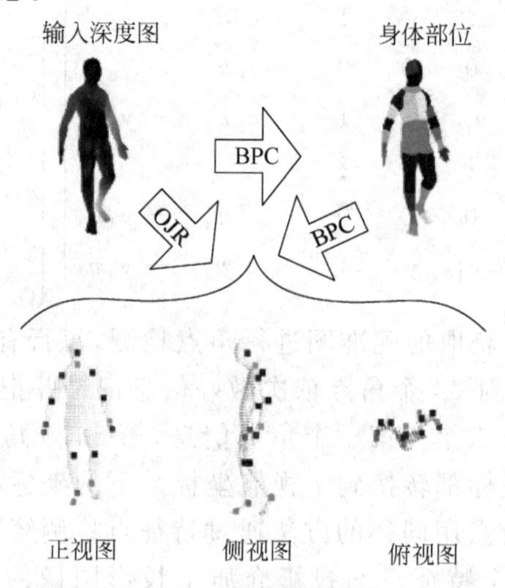

图4.7　Azure Kinect DK 人体骨骼关节点跟踪处理过程

为了实现人体头部的识别与跟踪，首先需要利用红外传感器捕获的深度信息对人体骨骼主体以及人体轮廓形状进行定位，然后根据定位得到的人体形状信息进行人体骨骼各关节部位的分析及匹配，最终即可得到人体骨骼关节点的 3D 位置信息。Azure Kinect DK 通过红外传感器捕获场景的深度数据信息，并利用机器学习算法对数据集进行人体骨骼识别模型训练，根据训练得到的人体骨骼决策树分类器来识别人体骨骼关节点的部位位置信息，然后再利用识别得到的人体骨骼关节点部位位置信息来构造人体骨骼部位数据。Azure Kinect DK 识别人体骨骼关节点的处理过程可被大致分解为 3 个过程，即基于深度信息的背景剔除过程、基于机器学习的人体骨骼部位识别过程、基于位置空间构造的人体骨骼关节点定位过程。

(1) 基于深度信息的背景剔除过程。根据指定的深度分割阈值将红外传感器捕获到的深度图像信息进行前景与背景区域的分离，利用深度图像的分割原理并结合使用图像遮罩的方式将包含人体的前景区域从复杂背景区域中提取出来，这样即可实现将包含人体的前景区域与环境背景区域合理分割，其不仅减少了后续人体骨骼关节点识别过程的计算量，而且极大地提高了人体骨骼关节点识别的效率。

(2) 基于机器学习的人体骨骼部位识别过程。Azure Kinect DK 利用机器学习算法对分割得到的包含人体的前景区域深度信息进行大规模模型训练，该模型训练过程使用了 Exemplar 模型系统进行人体识别模型的训练。人体识别模型训练过程中使用的训练样本数据集越丰富、越广泛，则训练得到的人体识别模型越准确，因此训练样本数据集的使用不同必将导致训练模型结果的不同，并且可能存在完全不同的识别结果，其在很大程度上能确保人体骨骼部位关节点识别的正确性、有效性。

(3) 基于位置空间构造的人体骨骼关节点定位过程。Azure Kinect DK 通过人体骨骼识别决策树分类器，对人体骨骼关节点部位进行识别分类后再进一步推断出人体骨骼关节点，最后根据识别得到的人体骨骼部位计算出各个关节点的 3D 坐标信息。

基于 Windows SDK 提取人体骨骼参数，利用骨骼参数进行用户头部位置定位。每个关节输出 3 个坐标，Azure Kinect DK 每帧输出 32 个关节，为后续人体骨骼形态的高效识别和实时跟踪提供了强有力的支撑。一个关节的位置向量记为公式(4.11)。

$$\boldsymbol{p}_{kl} = [x_{k,l} y_{k,l} z_{k,l}]^{\mathrm{T}} \tag{4.11}$$

式中，k 为坐标系指标；l 为关节指标，$l=1,2,3,\cdots,32$。

传感器输出的是人体关节的三维坐标，通过选择相同的原点和 x、y、z 轴，基于骨骼信息的数据采集方法对不同的视角是不变的。

4.2.2　移动视点下校正平面的建立

为了能够实时进行投影几何校正，需要实时确定人体头部位置来定位投影观察者的观看视点，再以此视点对投影图像的几何畸变做校正。这里使用两台 Azure Kinect DK，分别用来获取人体头部位置和需要进行几何校正的投影介质深度图像。为确定移动视点下的校正平面，首先要对两台相机进行配准。两台相机的位置是需要相对的，因此借助一台彩色相机为中介对两台相机进行配准，在选取参照物的过程中选择物理尺寸为 30mm×30mm 的棋盘格作为标定板，分别在两个场景中使用两个 Azure Kinect DK 的彩色相机对标定板进行拍照，从中挑选 20 张图像。图 4.8 所示为拍摄的两组标定图像。求得两台相机的配准旋转矩阵和平移矩阵见表 4.4。

图 4.8 Azure Kinect DK 拍摄的两组标定图像

表 4.4 两台 Azure Kinect DK 彩色相机间的转换参数

参数名	表达式	参数值
旋转矩阵	$\begin{bmatrix} r_x & u_x & d_x \\ r_y & u_y & d_y \\ r_z & u_z & d_z \end{bmatrix}$	$\begin{bmatrix} -0.924731 & 0.0341138 & 0.379088 \\ 0.0470277 & 0.998584 & 0.0248556 \\ -0.377704 & 0.0408124 & -0.925027 \end{bmatrix}$
平移矩阵	$\begin{bmatrix} 1 & 0 & 0 & 0 \\ 0 & 1 & 0 & 0 \\ 0 & 0 & 1 & 0 \\ -p_x & -p_y & -p_z & 1 \end{bmatrix}$	$\begin{bmatrix} 1 & 0 & 0 & 0 \\ 0 & 1 & 0 & 0 \\ 0 & 0 & 1 & 0 \\ -24.4177 & -0.176938 & 165.085 & 1 \end{bmatrix}$

根据标定后的两台深度相机的对应关系与 Azure Kinect DK 实时获得的观察者头部位置求解观察者视点下坐标与理想视点坐标的单应矩阵，从而推导出移动视点坐标系与理想视点坐标系的转换矩阵，进而得到移动视点坐标系与世界坐标系的转换矩阵和平移向量。应用上文的方法建立实时新视点下的校正平面。Azure Kinect DK 获取的人体骨骼关键点如图 4.9 所示，移动视点的校正算法流程如图 4.10 所示。

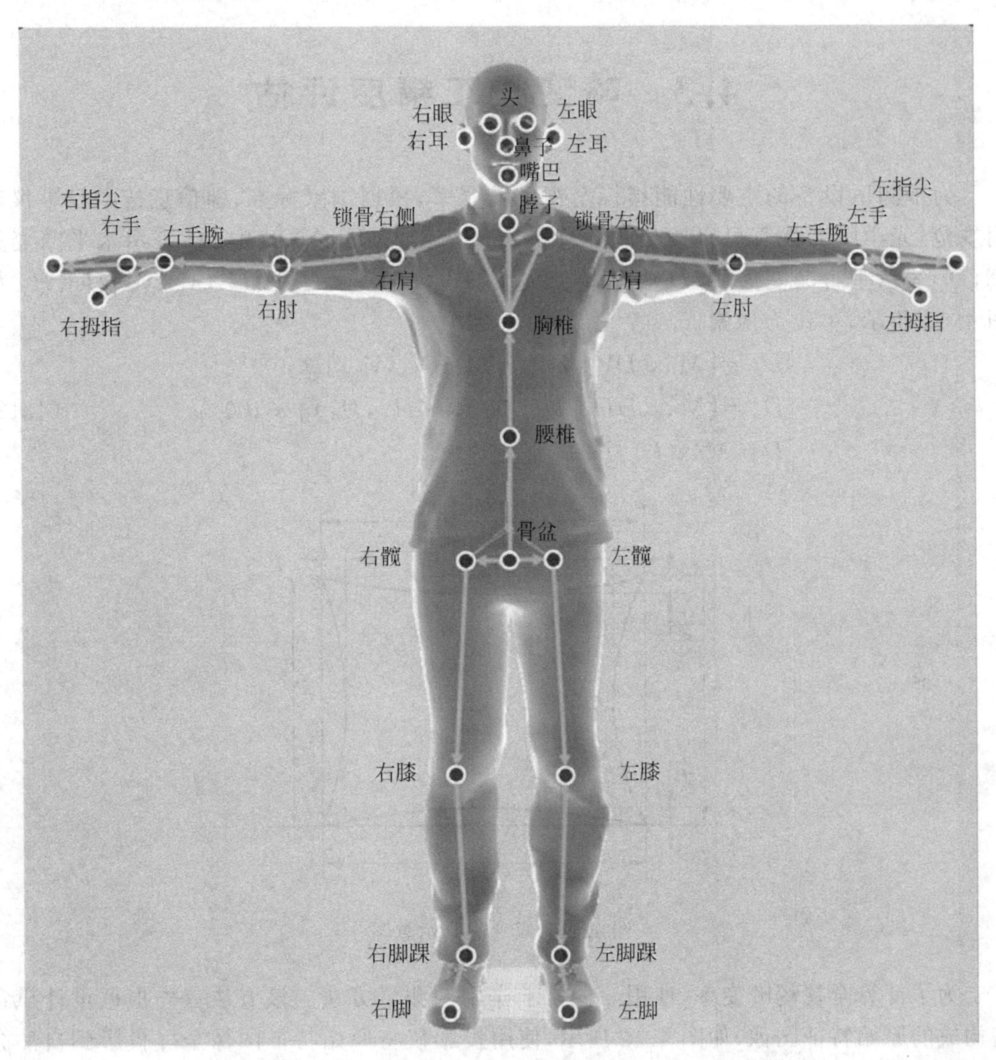

图 4.9　人体骨骼关节点

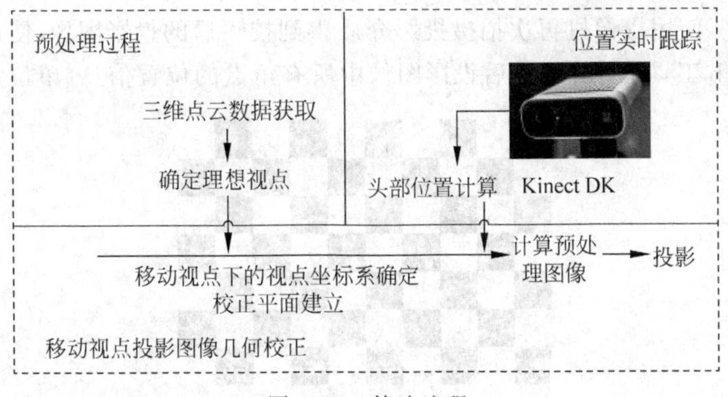

图 4.10　算法流程

4.3 畸变校正精度评估

为了测试设备的主要性能指标全视场畸变率，根据国家标准，即信息技术投影仪通用规范，光学畸变失真可以按公式计算得到。见公式(4.12)，式中 D_h 表示水平畸变失真，D_v 表示垂直畸变失真，D 表示畸变失真，ΔV_1、ΔV_2、ΔH_1、ΔH_2、V_1、V_2、H_1、H_2 如图 4.11 所示，单位为像素。

$$\begin{cases} D_h = [\mathrm{Max}(DV_1, DV_2)/\mathrm{Min}(V_1, V_2)] \times 100\% \\ D_v = [\mathrm{Max}(DH_1, DH_2)/\mathrm{Min}(H_1, H_2)] \times 100\% \\ D = \mathrm{Max}(D_h, D_v) \end{cases} \tag{4.12}$$

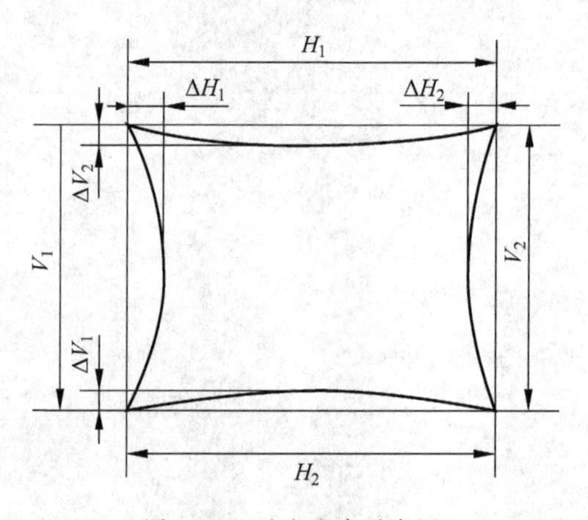

图 4.11 畸变失真示意图

为了计算全视场畸变率，使用一种科学实用的测量方法。该方法首先根据设计棋盘格构成的原始特征图像，如图 4.12 所示，使用投影仪将原始特征图像全屏投影到自然介质投影幕上，再使用摄像机拍摄投影介质得到调制的畸变特征图像，通过使用应用软件求解后得到投影仪预投影图像，最后将预投影图像投射到该非规则曲面上，得到视觉一致性校正输出图像。使用摄像机再次拍摄投影介质得到校正后的投影图像，使用 Opencv 的标准函数或 matlab 工具箱计算校正后投影图像中所有角点的位置信息(单位为像素)。在此

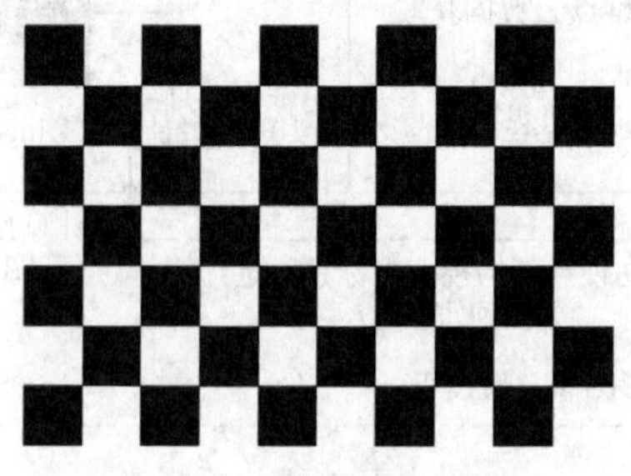

图 4.12 原始特征图像

基础上，以每一个四边形为单位，计算每一个四边形的最大内接矩形，再利用公式(4.12)计算每一个四边形的畸变值，计算所有四边形畸变值的均值，作为全视场畸变率。测试的过程如图4.13所示。

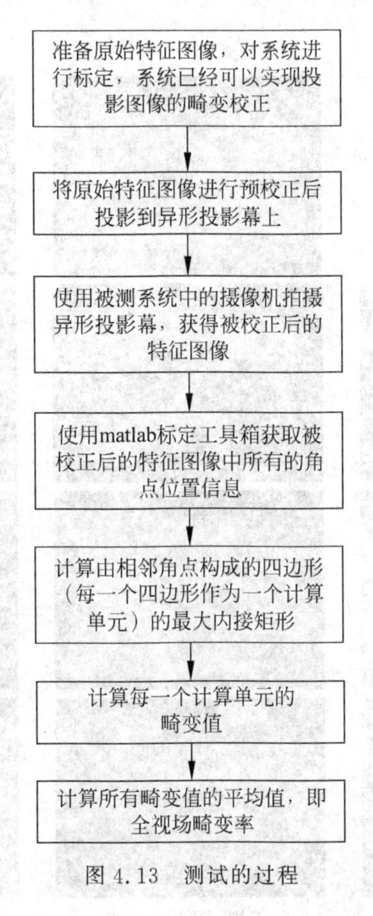

图4.13 测试的过程

4.4 投影几何校正实验分析

4.4.1 理想视点投影校正实验分析

实验用任意变形的投影幕模拟自然介质投影表面，把投影仪放在固定的位置，调整Azure Kinect DK位置以能拍下屏幕全景物，位置控制在0.8m到4m以达到理想的效果，使用投影仪投影棋盘格图像到幕布，用Azure Kinect DK获取投影区域深度数据，对深度数据进行一系列优化，对获取的深度图像和RGB图像先做好配准，然后再确定目标校正平面，在确定校正平面的基础上计算理想视点，求理想视点坐标系与世界坐标系的转换矩阵和平移向量，计算预投影图像和投影介质上拍摄的图像间的变换矩阵集合M_i^{-1}，有效划分出投影区域S_i，在设备位姿不变的前提下，将棋盘格特征图像变换为相同分辨率的实验用图像，图 4.14(a)所示为投影仪预投影图像，图 4.14(b)所示为投影仪投影到模拟自然场景随意变形的投影介质上，投影图像出现严重变形的情况。使用求出的 $M_i^{-1}S_i$ 推算校正后的预投影图像，图 4.14(c)所示为拍摄的投影介质上投影图像经几何畸变校正后投影效果图。

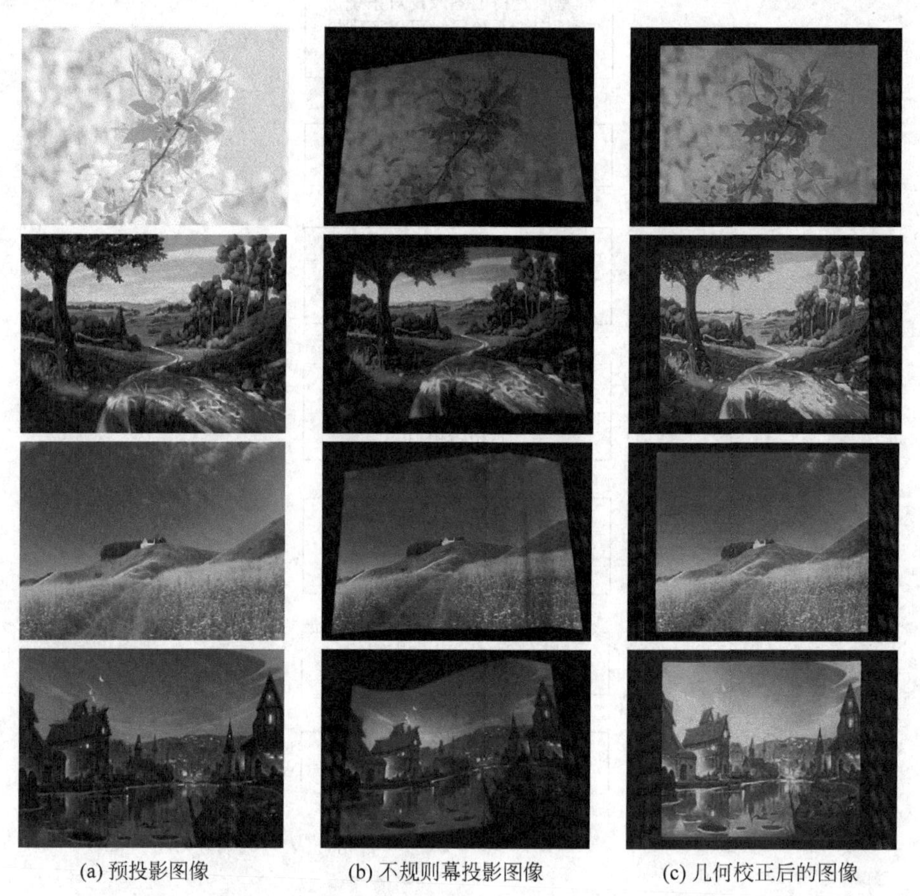

(a) 预投影图像　　(b) 不规则幕投影图像　　(c) 几何校正后的图像

图 4.14　拍摄的投影介质上投影图像经几何畸变校正后投影效果图

除了考虑主观的人眼视觉感知效果之外，引入客观评价标准结构相似度(structural similarity，SSIM)对上述方法的校正精度进行定量分析。SSIM 的计算公式如公式(4.13)所示。

$$\begin{aligned}\mathrm{SSIM}(X,Y)&=l(X,Y)\times c(X,Y)\times s(X,Y)\\&=\frac{2\mu_X\mu_Y+C_1}{\mu_X^2+\mu_Y^2+C_1}\times\frac{2\sigma_X\sigma_Y+C_2}{\sigma_X^2+\sigma_Y^2+C_2}\times\frac{\sigma_{XY}+C_3}{\sigma_X\sigma_Y+C_3}\\&=\frac{(2\mu_X\mu_Y+C_1)(2\sigma_{XY}+C_2)}{(\mu_X^2+\mu_Y^2+C_1)(\sigma_X^2+\sigma_Y^2+C_2)}\end{aligned}\tag{4.13}$$

式中，X 和 Y 表示待比较的两幅图像；μ_X 和 μ_Y 分别表示图像 X 及 Y 的均值；σ_X 和 σ_Y 分别表示图像 X 及 Y 的方差；σ_{XY} 表示图像 X 与 Y 之间的协方差；C_1、C_2、C_3 为常数，且 $C_3=C_2/2$。

由于未对图像进行颜色校正,故仅采用 SSIM 中的简化结构比较(本书简称 SSIM-s),利用上述指标对校正后的投影显示图像与原图像进行相似度分析,并采用峰值信噪比(peak signal-to-noise ratio,PSNR)衡量图像质量,与杨帆[131]、Nakamura[132]、Park[133] 3 篇文献的实验进行对比,结果见表 4.5。

表 4.5　不同算法校正性能客观比较

评价指标	本方法	文献[131]	文献[132]	文献[133]
SSIM-s	0.9567	0.9731	0.9554	0.9318
PSNR	27.1411	27.633	26.521	24.137

可以看出,本方法在评价指标 SSIM-s 上高于文献[132]和文献[133],但略低于文献[131],这是因为文献[131]采用的是基于结构光三维重建的方式获取映射关系,因此后续的校正精度比较高。但是文献[131]在校正前需要投影干扰人眼视觉效果的可见光,无法连续校正可变形的投影表面,不能适用于移动视点的投影几何校正。而本书方法在校正过程中不干扰用户的正常投影内容,能够连续校正可变形的投影表面,因此本方法比文献[131]的适用范围更广,自适应性更高,符合移动视点投影校正的需要。

4.4.2　移动视点投影校正实验分析

当用户在屏幕前移动后,使用深度相机跟踪定位用户视点,图 4.15 所示为获取的人体骨骼节点取得头部位置坐标,可以看出,无论头部是正面还是侧面,都能捕捉到头部各个关节点。应用 4.4.2 小节方法求解新视点和理想视点间的单应矩阵,重复 4.1.2 小节、4.1.3 小节建立移动视点下的目标校正平面,校正效果如图 4.16 所示。通过实验证明本书方法对移动视点的校正可以得到正常观看的图像视觉效果。

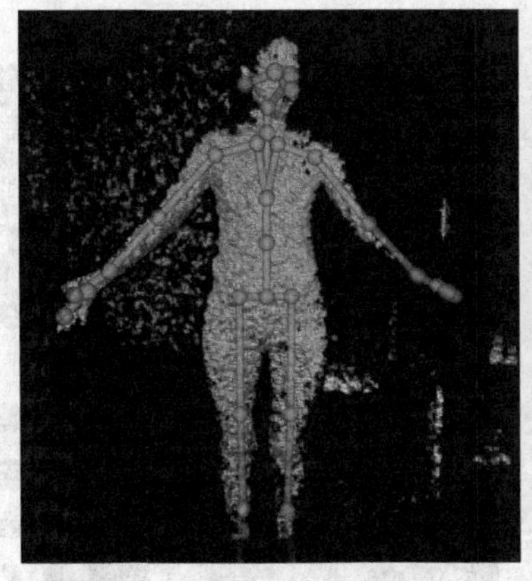
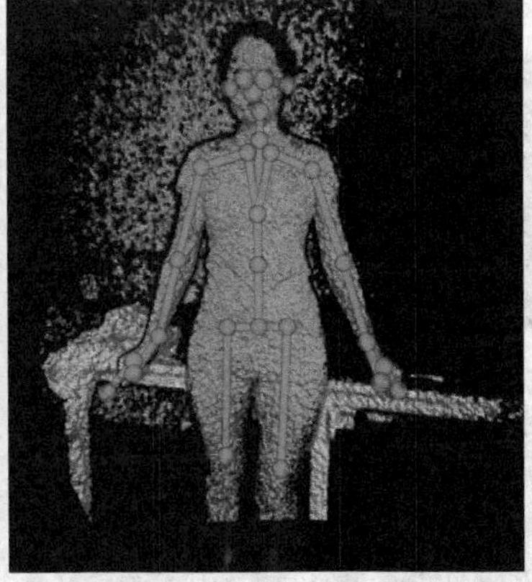

图 4.15　获取头部骨骼关节点效果图

本书深度相机使用了 NFOV(窄视场深度)模式,当我们使用一个深度相机来获取投影介质表面三维点云时,相机水平视场角最大 75°,垂直视场角最大 65°。

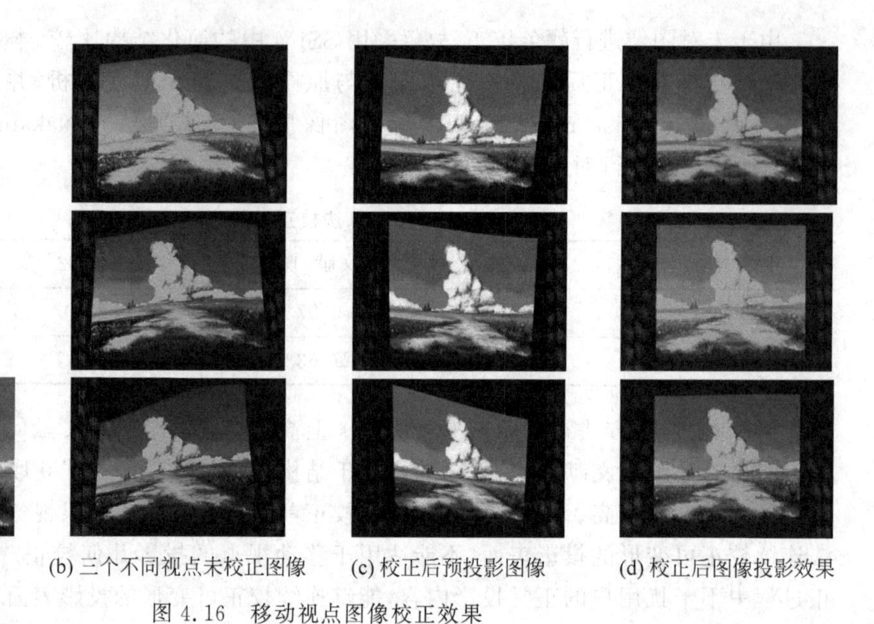

(a) 投影图像　(b) 三个不同视点未校正图像　(c) 校正后预投影图像　(d) 校正后图像投影效果

图 4.16　移动视点图像校正效果

4.4.3　几何畸变校正精度评估实验分析

为了验证提出的几何校正精度评估方法的准确性，对四组有畸变图像(见图 4.17)的几何校正后图像计算了畸变率，实验结果见表 4.6。

通过这四组数据可以看出，视觉上效果最好的是第二组，第二组校正图在全视场畸变校正平均畸变率也是最低的，效果相对较差的第一组和第四组校正图在全视场畸变校正平均畸变率也是较低的，这就解放了人工识别校正效果的工作，且完全可以由算法自动实现。

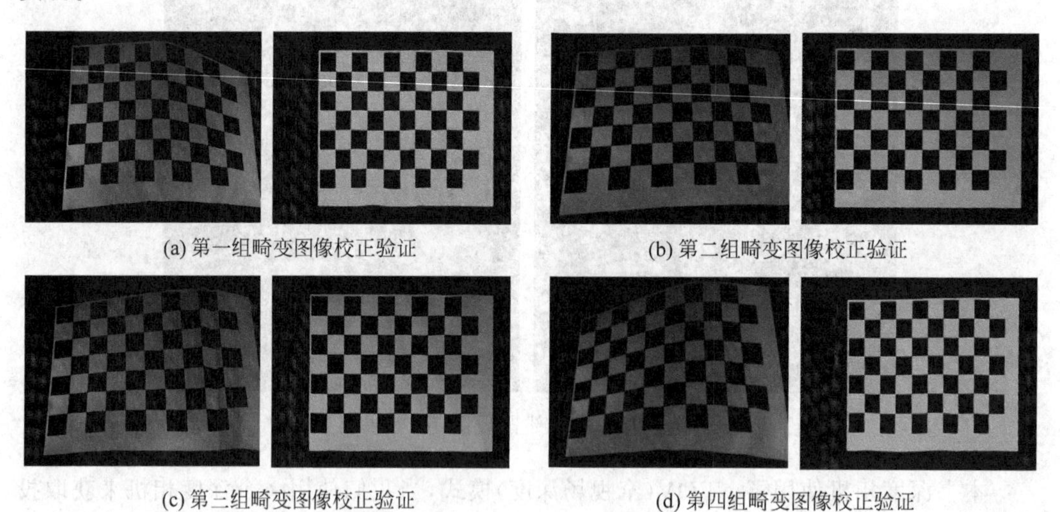

(a) 第一组畸变图像校正验证　(b) 第二组畸变图像校正验证

(c) 第三组畸变图像校正验证　(d) 第四组畸变图像校正验证

图 4.17　投影原始特征图像校验

表 4.6 全视场畸变率

组 别	最大畸变率	最小畸变率	平均畸变率
第一组	0.0696	0.0046	0.0264
第二组	0.0210	0.0018	0.0089
第三组	0.0029	0.0225	0.0137
第四组	0.0414	0.0062	0.0214

4.5 本章小结

本章研究了移动视点下的投影图像几何畸变校正。通过对获取的投影介质的深度图像进行优化，确定目标校正平面，然后在理想视点的坐标系下计算投影仪预投影图像和自然介质上投影显示图像之间的变换关系，最后求出投影补偿图像。与现有算法相比取得了更好的效果，并能适用于移动视点的几何畸变校正。通过追踪定位观察者头部位置，求解新的视点到理想视点的单应矩阵，最后确定移动视点的投影补偿图像，实现移动视点的投影几何校正。最后为了验证几何畸变校正效果，提出了全视场畸变率的验证算法，实现了几何校正精度的评估，通过实验数据验证了利用本书提出的方法能有效解决几何校正效果验证的自动化问题。

第5章 基于深度学习的投影颜色补偿

多通道投影图像显示系统能够实现高分辨率画面展示、沉浸式可视化人机交互以及大型场景的并行渲染绘制,多投影显示技术成为当前虚拟现实和可视化领域的研究热点之一。然而多投影显示技术在应用过程中会涉及各个投影显示画面的几何一致性问题,同时也受限于投影显示表面的纹理材质和表面结构的限制,在一些应用领域中,在进行投影几何校正的同时需对投影介质的纹理干扰校正。近年来,学者们对基于深度学习的投影图像颜色补偿方法做了很多研究,通过训练学习投影环境的纹理颜色,实现在自然介质投影环境中对投影图像颜色偏差进行补偿,最终摆脱投影对专业投影幕布的依赖,从而实现可以在任意投影介质投影。另外,在舞台表演中,使用多投影营造震撼的舞台效果也深受大众的喜爱。本书的研究将致力于改善投影系统的性能,为艺术创造者提供更大的自由创作空间。

深度学习近年来被广泛应用在医学图像、遥感、三维建模等多个领域[134-136],推动了人工智能在各行业的应用。深度学习中可以通过较简单的表示来表达复杂表示,解决了表示学习中的核心问题。深度学习让计算机通过较简单的概念构建复杂的概念成为现实。深度学习系统与传统机器学习的区别如图5.1所示,深度学习比传统的机器学习能够更好地提取数据特征。神经网络算法是深度学习中的一类代表算法,其中卷积神经网络目前在计算机视觉、医学图像处理等领域已经得到了广泛的应用。

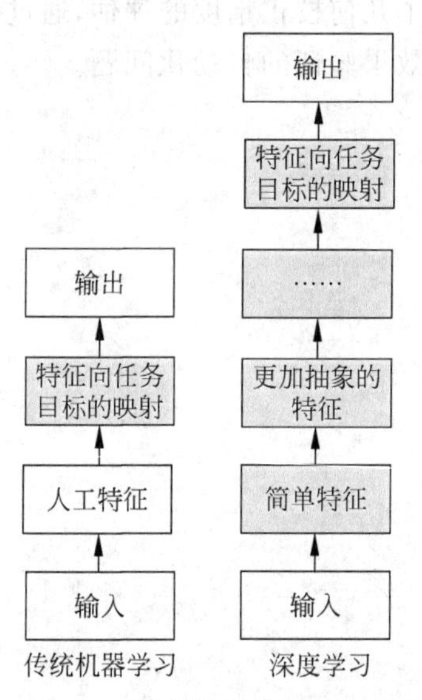

图5.1 深度学习系统与传统机器学习的区别

在传统的投影颜色校正方法中,Bellavia等[137]使用了一种通用的色彩校正分类框架。该框架可以剖析十五种色彩校正算法和计算单位,还有通过四个新单元重新组合的方式来产生大约一百个不同的色彩校正方法。这个框架允许对色彩校正方法进行更清晰地分析,提供对其特性的更深入的了解。Grundhofer等[138]提出了一种不需要相机或投影仪的辐射预标定的方法。该方法由投影仪色域的稀疏采样和分散数据插值组成,实时生成从投影仪到摄像机颜色的逐像素映射。为了避免色域外的伪影,输入图像在可选的离线优化步骤中自动局部缩放,最大限度地提高可实现的亮度和对比度,同时仍然保持平滑的输入梯度,没有显著的剪切误差。Huang等[139]提出了一种感知辐射补偿方法来抵消彩色投影表面对图像外观的影响。基于人眼视觉系统的锚定特性，在保持图像色调和亮度的同时减少了色彩裁剪。此外，还考虑了颜色自适应对感知图像质量的影响，通过将图像像素点的颜色向投影表面的互补色方向适当移动，修正了非白色投影表面引起的颜色失真。近年来深度学习在图像风格迁移中得到广泛应用[140-142]，为了实现图像的风格迁移，要求神经网络可以完成输入图像和输出图像之间的风格映射，还要确定合适的损失函数以训练相应的映射关系。Huang 等[143]借鉴了风格迁移的网络结构，将投影颜色补偿问题使用端到端的卷积神经网络 CompenNet 来解决。CompenNet 网络结构中借鉴了 U-net 网络和自动编码器的网络结构，这种结构在投影表面和输入图像之间进行了多层次的交互，不仅学习了投影表面的纹理颜色信息，而且也捕获了环境光照等环境信息。此外，网络结构中还增加了多级跃卷积，浅层的特征信息也能够被带到更深的层，避免了网络的过拟合现象。图片特征提取的准确度直接影响输出图片的效果，本书为了提取更多的图片特征，对 CompenNet 网络结构进行了改进。端到端的网络结构对损失函数要求比较高，更精准的损失函数可以减少图片累积误差，因此本书对 CompenNet 网络使用的损失函数提出了改进方案。

5.1 卷积神经网络

卷积网络是指那些至少在网络的一层中使用卷积运算来替代一般的矩阵乘法运算的神经网络。卷积是一种特殊的线性运算。卷积神经网络在图像处理相关领域表现优异，取得了比传统的方法甚至其他深度学习网络模型更出色的学习预测表现。

在通常形式中，卷积是对两个实变函数的一种数学运算。卷积层的计算公式如下：

$$x^{(l+1)}=f[w^{(l+1)}x^{(l)}+b^{(l+1)}] \tag{5.1}$$

式中，$l=1,2,3,\cdots$表示网络的层数；w 为共享卷积核的参数；b 为每一层的偏置参数，$f(\cdot)$表示卷积层的激活函数。

卷积网络中一个典型层包含三级。在第一级中，这一层并行地计算多个卷积产生一组线性激活响应。在第二级中，每一个线性激活响应将会通过一个非线性的激活函数。在第三级中，使用池化函数(pooling funciton)来进一步调整这一层的输出。池化层的计算公式如下：

$$x^{(l+1)}=f[\mathrm{pool}(x^{(l)})+b^{(l+1)}] \tag{5.2}$$

式中，$l=1,2,3,\cdots$表示网络的层数；$\mathrm{pool}(\cdot)$表示池化函数；$f(\cdot)$表示池化层激活函数；b 表示池化层的偏置参数。

为了要得到全局的特征，在全连接层把每个局部特征结合起来。全连接层通过聚合各个卷积层提取的特征来实现图像处理。卷积神经网络基本模型如图 5.2 所示。

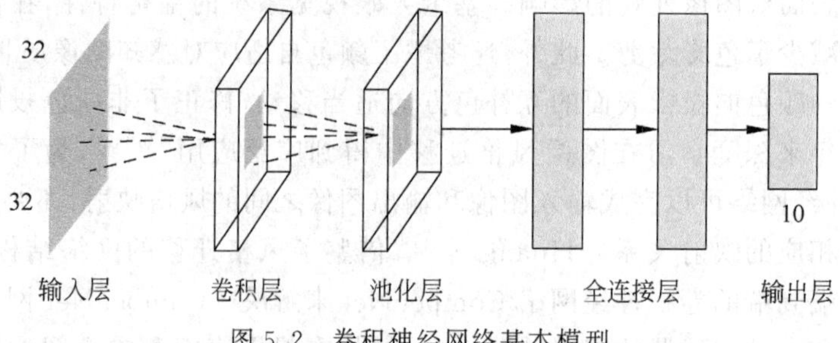

图 5.2 卷积神经网络基本模型

5.1.1 U-net 卷积神经网络

U-net 网络架构如图 5.3 所示，能够看出，U-net 包括特征提取和上采样两部分，因为网络结构更像一个 U 形，所以将其命名为 U-net。特征提取部分的网络遵循卷积网络的典型结构，类似于 VGG 网络。特征提取部分包括重复应用的两个三乘三的卷积，后面是一个二乘二的池化层，每经过一个池化层有一个尺度，这一部分一共有 5 个尺度。网络总共有 23 个卷积层，每个蓝色框代表一个多通道特征图（map），框顶标注着通道数，框的左下角标注的是图像的尺寸；白色框是复制的特征图；不同的箭头表示相应的操作处理。由于弹性变形的数据增强，U-net 网络架构和训练策略更有效地使用了非常少的可用的注释样本。这样的网络架构可以利用较少的图像实现端到端的训练。

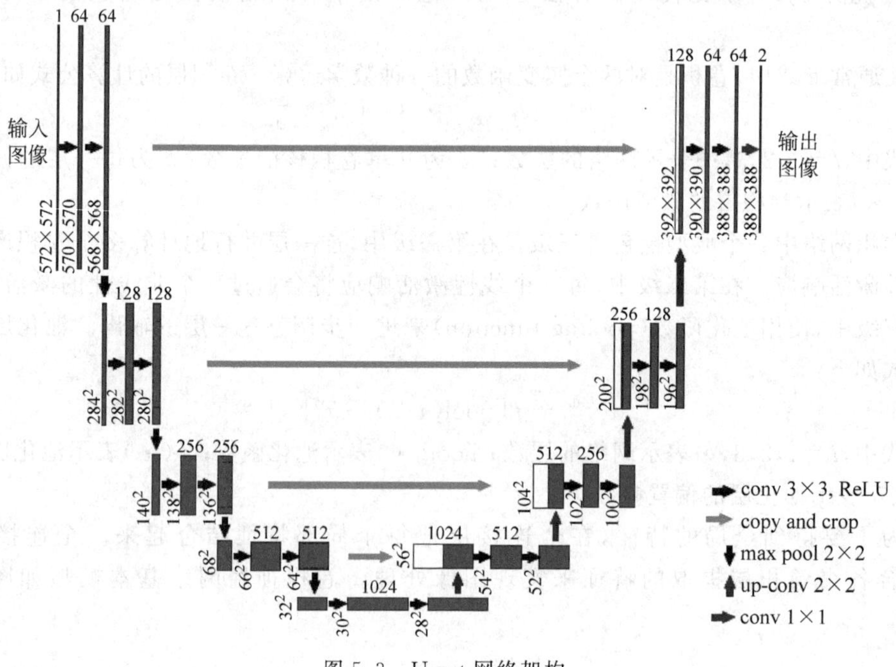

图 5.3 U-net 网络架构

5.1.2　卷积自编码器

自编码器是指经过训练后能尝试将输入复制到输出的一种神经网络。自编码器内部包含一个隐藏层,可以产生编码表示输入。该网络分别有两个部分,一个编码器是由函数 $h=f(x)$ 表示的;另一个解码器 $r=g(h)$ 用来生成重构。图 5.4 展示了自编码器的一般结构。通过内部表示或编码将输入映射到输出。自编码器具有编码器和解码器两个组件,自编码器并不是输入和输出完全相等,而是需要在自编码器中强加一些约束,使它近似地复制,并只能复制与训练数据相似的输入。这些约束强制模型主要是用来处理需要被优先复制的输入数据,因此它往往能学习数据的有用的特性。

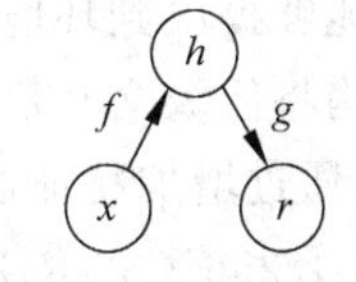

图 5.4　自编码器的一般结构

5.1.3　数据预处理

在人工智能的相关领域,特别是计算机视觉领域应用中,在处理数据之前,首先要分析已有数据并找到这些数据的特性。那么使用卷积神经网络进行图像处理时,第一步是要对训练的样本进行预处理。对数据进行标准化,利用标准化处理后的数据再进行数据分析操作。在对图像进行处理时,把预处理的图像的每个像素看作一种特征存在。其中,中心式归一化处理方式是应用比较广泛的一种处理方法,对图像的每个特征值减去平均值,得出中心化数据。在使用卷积神经网络进行图像处理时,要计算训练集数据的图像像素均值,然后再对训练集、验证集和测试集进行中心式归一化处理。正常使用的数据集图像是由平稳数据分布的,为了显示出图像间的个体差异,可以用减均值的方法去除数据特征中相同的部分。在实际应用中归一化操作一般会在图像划分完训练集、验证集和测试集后进行。

5.2　基于卷积神经网络的投影颜色补偿

5.2.1　CompenNet 网络模型

CompenNet 网络分两部分组成,一部分是一个类 U-net 的骨干网络,另一部分是一个自动编码子网。主干网络用来学习相机拍摄的投影表面的图像,自动编码子网学习相机拍摄的投影背景图像,这种网络结构可以让受干扰的图像和预投影图像之间进行丰富的多层次交互,从而获取投影表面纹理和光照环境信息。

CompenNet 两部分网络的输入图像分别是 $\tilde{x}$ 和 $\tilde{s}$,$\tilde{x}$ 对应相机拍摄的受到投影表面纹理干扰的未补偿图像,$\tilde{s}$ 对应相机拍摄的投影表面的纹理图像。投影颜色补偿流程如图 5.5 所示。两部分网络的输入都是 256×256×3 的 RGB 图像,最后的输出图像也是

256×256×3 的 RGB 图像。把两幅输入图像分别送入卷积层序列，对输入图像进行下采样并提取多层次的特征图。3×3 个滤波器构成了卷积层，2×2 个滤波器组成转置卷积层。箭头相连的两个层表示这两个分支共享权重，其他的层间不共享权重。输入投影表面图像的子网和输入未补偿投影图像相连接的层间参数共享，进行丰富的多级交互，模型从而能够提取到环境光照、投影仪背光和投影图像之间的光谱相互作用的特征。通过网络架构将低级交互信息传递到高级特征图中。中间块在保持特征图宽度和高度不变的情况下，通过增加特征通道提取丰富的特征。最后，使用两个卷积层逐步向上采样特征映射到 256×256×32 RGB 图像。

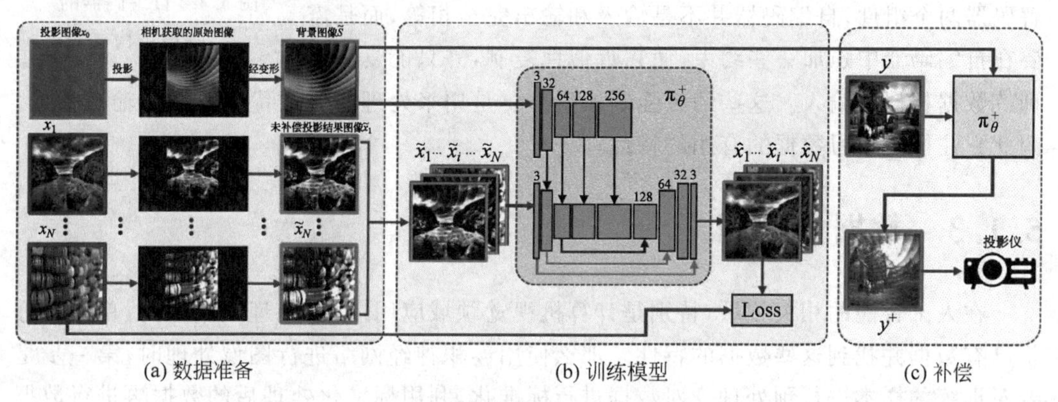

图 5.5　投影颜色补偿流程

5.2.2　改进 CompenNet 网络架构

本书通过增加 CompenNet 的深度，将其改进为 D-CompenNet，用以提取更加丰富的图片特征。改进后的 D-CompenNet 架构如图 5.6 所示。该网络架构输入与输出图像大小与 CompenNet 网络架构相同，两个输入图像分别被送到表面特征图像提取分支卷积序列和主干分支卷积序列进行下采样与特征提取。然后通过两个转置卷积层逐步上采样，最后与跳跃卷积层的元素加权求和得到输出图像。模型中所有卷积层由 3×3 滤波器组成，所有转置卷积层由 2×2 滤波器组成。在模型顶部标记每层的滤波器数量。其中彩色箭头表示跳跃连接，将浅层特征融合到深层特征中。训练网络是学习从相机捕获的未补偿图像到投影仪输入图像的映射；投影补偿网络是学习从期望的观众感知图像到补偿图像的映射，两者是相同的。

在模型中，两个分支不共享权值，所以分别用不同的颜色给出。投影表面图像特征提取分支输入为相机采集的投影表面背景纹理图像，这一分支提取投影背景纹理特征，每层提取的特征参数都传递给主干分支相应的卷积层。主干分支输入为相机采集的投影图像与投影表面的背景纹理重叠的图像，提取未补偿的投影图像特征。模型中上采样卷积层的输入除了具有前一卷积层的深层抽象特征外，还有与其对应的下采样卷积层输出的浅层局部特征，将深层特征与浅层特征融合，从而恢复特征图细节并保证其相应的空间信息维度不变。最后输出为投影仪预投影的补偿后图像。表 5.1 为改进后的 D-CompenNet 架构。

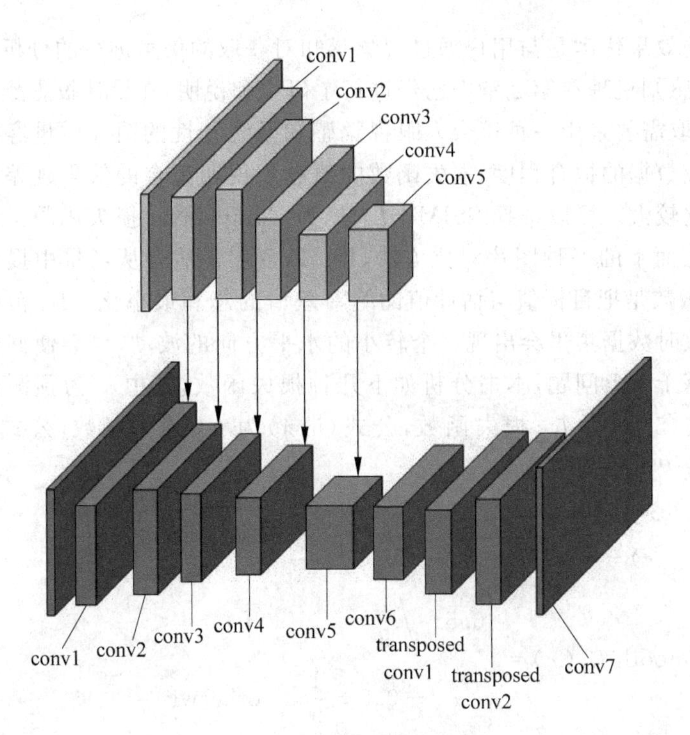

图 5.6　改进后的 D-CompenNet 架构

表 5.1　D-CompenNet 内部结构

名　称		类　型	卷积	输出图像大小
表面图像特征提取分支	conv1	下采样层	3×3	16×128×128
	conv2	卷积层	3×3	32×128×128
	conv3	下采样层	3×3	64×64×64
	conv4	卷积层	3×3	128×64×64
	conv5	卷积层	3×3	256×64×64
主干分支	skiplayer1	跳跃卷积层	3×3	3×256×256
	conv1	下采样层	3×3	16×128×128
	conv2	卷积层	3×3	32×128×128
	skiplayer2	跳跃卷积层	1×1	64×128×128
	conv3	下采样层	3×3	64×64×64
	skiplayer3	跳跃卷积层	1×1	128×64×64
	conv4	卷积层	3×3	128×64×64
	conv5	卷积层	3×3	256×64×64
	conv6	卷积层	3×3	128×64×64
	transposed conv1	上采样层	2×2	64×128×128
	transposed conv2	上采样层	2×2	32×256×256
	conv7	输出层	3×3	3×256×256

投影图像显示的效果优劣是与用户通过视觉感知对获取的信息进行的分析和理解密切相关的，人眼视觉感知机理在第 2 章中已经进行了研究和说明，在设计投影颜色补偿网络时，损失函数的选取需要采用一种符合人眼视觉感知系统特性的图像质量客观评价标准。损失函数能反应数据的拟合程度，损失函数的值越大说明拟合的效果越差，此时，它对应的梯度也应该比较大。可以选择 SSIM$+L_1$ 作为 CompenNet 损失函数。结构相似性度量 SSIM 是自上而下的一种图片对比方法，即 HVS 非常适合从场景中提取结构信息，而 L_1 范数损失函数是把目标值与估计值的绝对差值的总和最小化。L_1 范数损失函数单独作为损失函数时数据集里会出现一个较小的水平方向的波动，也会使回归线出现跳跃很大的情况。基于以上问题，本书分析如下几种损失函数，其中 x 为预测值与真实值之间的差异，公式(5.3)为 L_1 损失函数，公式(5.4)为 L_2 损失函数，公式(5.5)为 Smooth L_1 损失函数[144]。

$$L_1(x)=|x| \tag{5.3}$$

$$L_2(x)=x^2 \tag{5.4}$$

$$\text{Smooth } L_1(x)=\begin{cases} 0.5x^2\Big/\dfrac{1}{9}, & \text{if } |x|<\dfrac{1}{9} \\ |x|-0.5\times\dfrac{1}{9}, & \text{otherwise} \end{cases} \tag{5.5}$$

根据公式(5.3)，L_1 损失函数是基于逐像素比较差异，然后取绝对值。这就导致在训练后期，当预测值与真实值差异很小时，损失函数将在稳定值附近波动，难以继续收敛以达到更高精度。

分析公式(5.4)，当 x 增大时 L_2 损失对 x 的导数也增大。这就导致在训练初期，预测值与真实值差异过于大时，训练不稳定。

最后分析公式(5.5)，Smooth L_1 结合了 L_1 损失函数和 L_2 损失函数的优点，在 x 较小时，对 x 的梯度也会变小，而在 x 很大时，对 x 的梯度的绝对值达到上限 1，但也不会太大以致破坏网络参数。Smooth L_1 避开了 L_1 和 L_2 损失的不足。因此本书使用了 Smooth L_1 作为损失函数计算预测值与真实值之间的差值并不断对其进行修正，以得到最优参数，实验结果证明了该方法的有效性。

5.2.3 基于改进的 CompenNeSt++网络模型的投影全补偿

投影全补偿是指对投影仪输入图像进行修正，以补偿投影表面的几何和颜色扰动。传统方法通常分别求解这两部分，Huang 等[145]提出了端到端 CompenNeSt++网络，用于联合求解这两个问题。几何校正子网和颜色补偿子网对几何和颜色畸变分别进行校正。几何校正子网称为畸变网，该子网采用由粗到细的级联结构，直接从采样图像中学习采样网格。光度补偿子网采用连体结构来捕获投影表面和投影图像之间的光度相互作用，并利用这些信息来补偿几何校正后的图像。通过连接 WarpingNet 和 CompenNeSt，CompenNeSt++实现了完整的投影补偿。其中颜色补偿子网是基于 CompenNet 网络的增强，使用自动编码器和 U-net 网络结合 ResNet 网络的跳连结构[146]。

如图 5.7 所示为 WarpingNet^{-1} 纠正几何畸变，使相机捕捉到的未补偿图像与投影仪标准的正面视图发生扭曲，和一个近似的 F^{+} 光学方法可以补偿扭曲的图像。将几何校正建模为一个从粗到细的级联过程，WarpingNet 由 3 个可学习的模块组成（θ_{aff}、θ_{TPS} 和 $w_{\theta r}$），网格生成函数 G，基于双线性插值的图像采样器 ϕ 和 3 个采样网格生成排名的顺序增加粒度：$\Omega_{\mathrm{aff}}=G(\theta_{\mathrm{aff}})$，$\Omega_{\mathrm{TPS}}=G(\theta_{\mathrm{TPS}})$，$\Omega_r=W_{\theta r}(\Omega_{\mathrm{TPS}})$。$\theta_{\mathrm{aff}}$ 是一个 2×3 可学习的仿射矩阵，它粗略地扭曲输入图像 $\tilde{x}$ 到投影仪标准正面视图。同样，θ_{TPS} 包含 76 个可学习薄板样条（TPS）参数，进一步非线性扭曲粗糙仿射变换图像 $\phi(\Omega_{\mathrm{aff}})$，以更好地匹配准确的投影仪标准正面视图。经实验验证发现，该网络的几何校正效果已经可以达到较高的水平，但在不同的数据集上颜色补偿效果还有些不尽如人意，因此本书重点对颜色补偿部分进行改进研究。

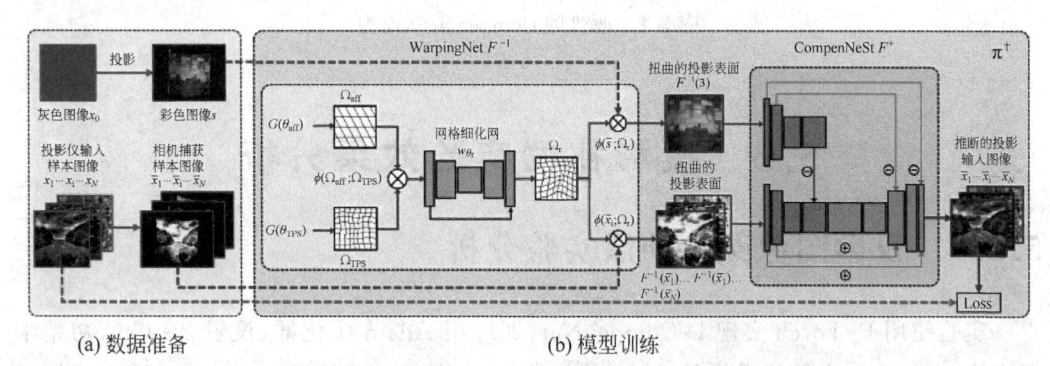

(a) 数据准备　　(b) 模型训练

图 5.7　Huang 等[145] CompenNeSt＋＋实现投影全补偿

颜色补偿由 CompenNeSt 网络完成，由一个连体编码器和一个解码器组成。在训练过程中（图 5.7），经网络变换后的相机捕捉到的两幅图像作为输入，一个弯曲的表面图像 $T^{-1}(\tilde{s})$ 和一个扭曲的采样图像 $T^{-1}(\tilde{x})$ 与输出 $\tilde{x}$ 推断投影仪输入图像。两个输入和输出都是 256×256×3 的 RGB 图像。$\tilde{s}$ 和 $\tilde{x}$ 被输入到连体编码器去采样并提取多层特征映射。

完整的投影补偿共三个步骤。首先，投影一个普通的灰色图像 x_0、N 个采样图像 $x_1,\cdots,x_N$ 投影到投影表面，并使用相机捕获它们，并将捕获的图像分别标记为 $\tilde{s}$ 和 $\tilde{x}_i$。其次，收集 N 个图像对 $\chi=\{(\tilde{x}_i,x_i)\}_{i=1}^{N}$，来训练端到端补偿模型 $\pi_\theta^{+}=\{F_\theta^{+},T_\theta^{+}\}$。再次，将训练后的 CompenSt＋＋简化为 π'^{+}_θ。最后，对于理想的期望观察者感知图像 z，推断其补偿图像 z^{*}。

在 16 通道和 64 通道的卷积层中首先增加 32 通道的卷积层，通过增加特征通道来提取丰富的特征，同时保持特征图的宽度和高度不变。然后，使用两个转置卷积层逐步向上，采样特征映射到 256×256×32。最后，输出图像是最后一层输出与如图 5.8 所示底部三个跳跃卷积层和分支网络的三个跳跃卷积层的逐元素求和，将低层交互信息传递给高层特征图。在输出前将输出图像像素值固定为[0,1]。在深度学习中，深度越深，层次越多，滤波器越多，补偿效果越好，但采样图像过拟合次数越少，训练和预测时间越长。要找到一个平衡点，使得时间的增加是最有效的，在本书中，选择如图 5.8 所示的改进的 CompenNeSt 模型来平衡训练的预测时间和采样数据大小。

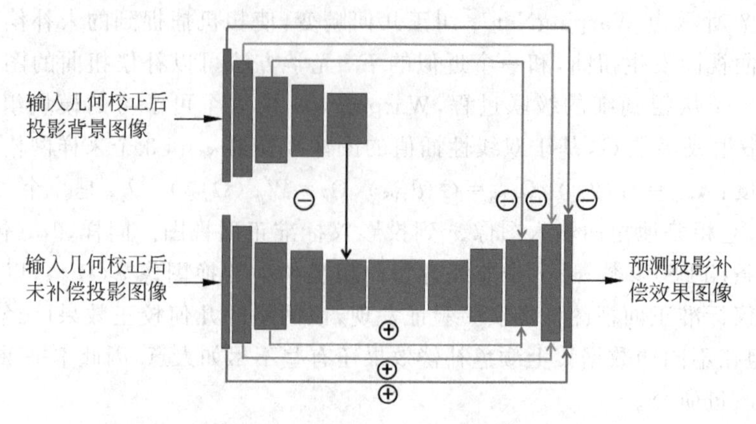

图 5.8 改进的 CompenNeSt 模型

5.3 投影补偿实验效果分析

5.3.1 投影图像颜色补偿实验分析

实验使用 PyTorch 实现 D-CompenNet，训练用 Adam 优化器，设置 $\beta=0.9$，初始学习率为 10^{-3}，800 次迭代后将其衰减 5 倍。初始化模型权重使用 kaiming 方法。计算机配置包括两个 NVIDIA GeForce 1080 显卡，22G 显存。提出的基于 D-CompentNet 模型的投影图像颜色补偿算法在网络训练过程中选用公开的 24 个不同环境设置的评估基准数据集，每个数据集包括 500 张训练图片，200 张测试图片。

从图 5.9 可以看出，在其中一个数据集上进行测试，D-CompentNet 模型使用 Smooth L_1＋SSIM loss 比 CompentNet 中使用 L_1＋SSIM loss 的训练后得到的图片显示 VALID_SSIM 提高了 11.49%，VALID_RMSE 提高了 0.51%，而 TRAIN_LOSS 降低了 10.96%，显示出了改进后的明显优势。

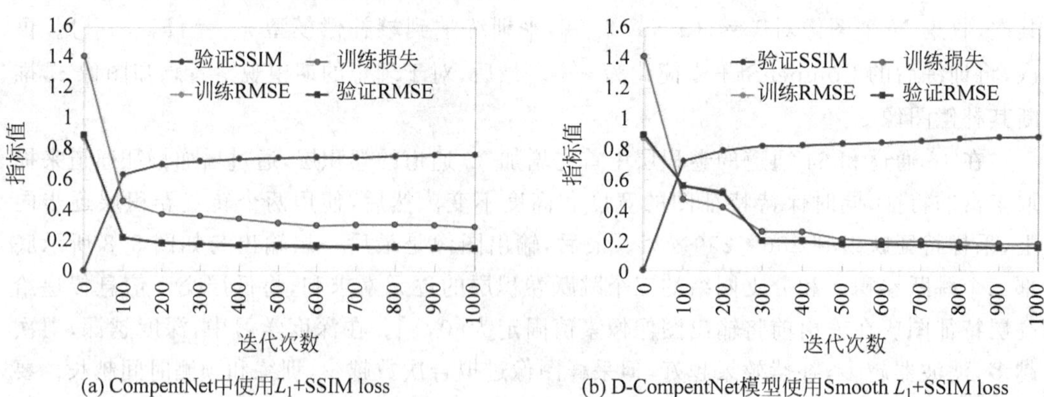

图 5.9 在同一个数据集中对原文方法和本书改进的方法进行定量比较

在不同屏幕背景下进行投影，图5.10所示输出图片结果表明，改进方法的输出更接近真实值，投影效果实现了和人眼主观感知更好的一致性。

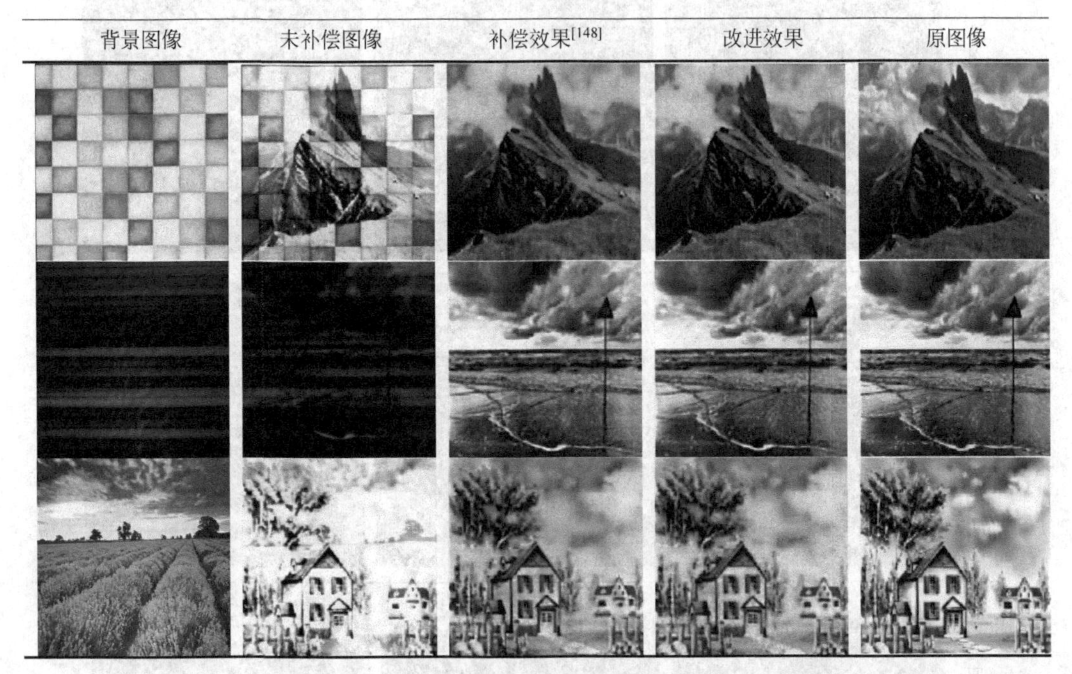

图5.10　定性比较使用 L_1＋SSIM 损失函数训练的 CompenNet 网络与使用 Smooth L_1＋SSIM 损失函数训练的 D-CompenNet 网络

为了验证该方法对深色和与投影图片相近颜色自然投影介质上投影图像的补偿效果，我们制作了一系列数据集，图5.11展示了使用一幅自然介质表面纹理为“星空”的图像，图像颜色大部分为深蓝色的投影介质。因为网络模型中提取了投影介质表面纹理特征和投影后未补偿图像特征共同学习，即使投影介质纹理与投影图像颜色相近，这一方法也可以实现较好的补偿效果。

5.3.2　投影图像全补偿实验分析

本实验使用计算机配置包括 CPU 3.2G、RAM 显卡、两个 NVIDIA GeForce 1080 GPUs 显卡。

本书提出的加强 CompenNeSt＋＋模型的投影图像全补偿算法，使用 L_1＋SSIM 损失函数，在网络训练过程中选用20个不同环境设置的数据集，每个数据集包括500张训练图片，200张测试图片。在 linght2/pos6/cubes 数据集上的验证指标对比如图5.12所示，RMSE 值降低了0.23%，SSIM 值增加了1.46%。

将不同的图片投影到任意形状的带有复杂颜色的投影幕上，如图5.13所示是经过改进的 CompenNeSt＋＋投影效果实现了投影的全补偿，投影的效果能够让观看者更好地

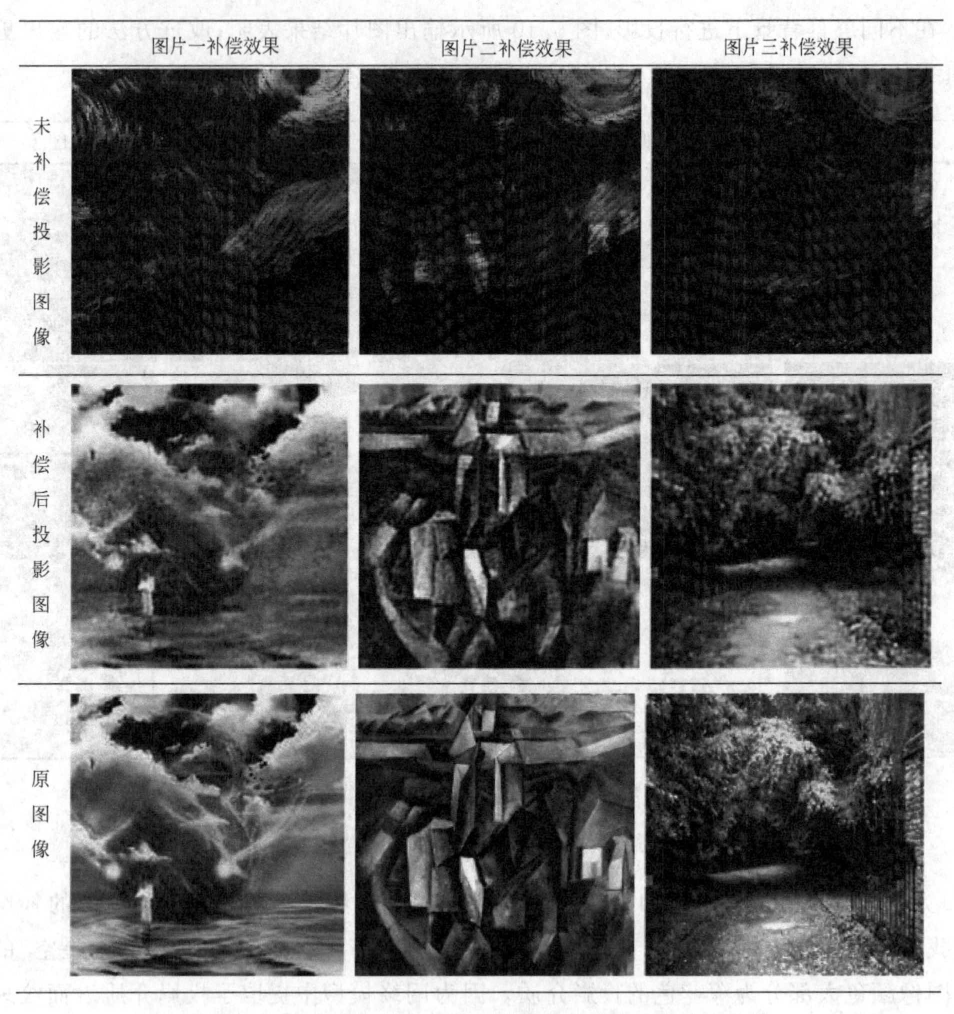

图 5.11　不同图像在星空纹理投影介质下的投影补偿效果

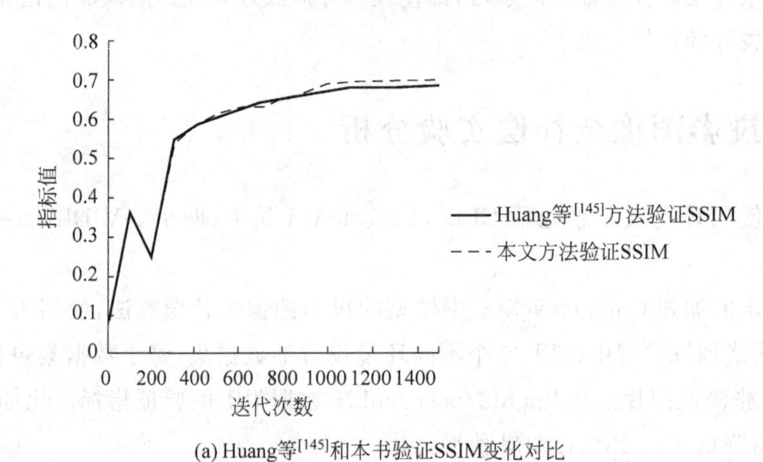

(a) Huang等[145]和本书验证SSIM变化对比

图 5.12　预测投影补偿图像指标对比

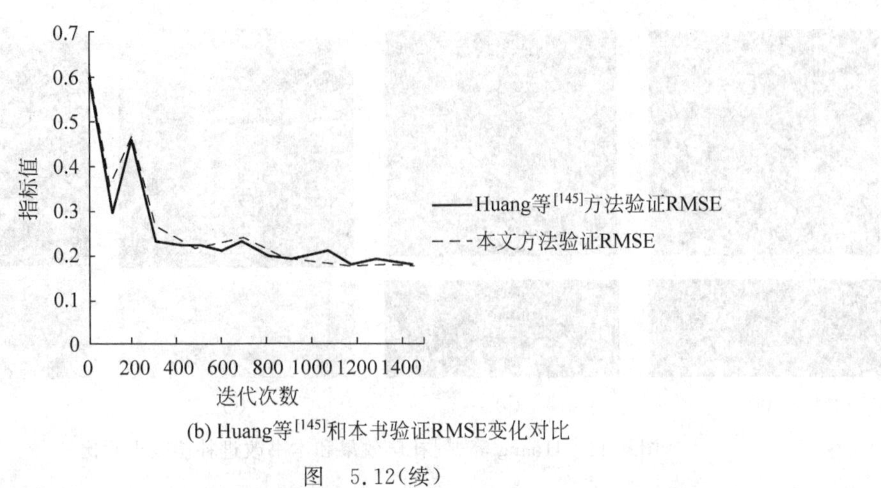

(b) Huang等[145]和本书验证RMSE变化对比

图　5.12(续)

图 5.13　经过改进的 CompenNeSt++网络全补偿效果

理解图片的内容。第一行图像为不同背景下的畸变图像，第二行图像为本书补偿效果，第三行图像为原图像。

在相同的公开数据集上进行 1500 次迭代实验比较本书的补偿效果如图 5.14 所示。其中，图 5.14(a)、(c)为原文补偿效果细节，图 5.14(b)、(d)为使用改进方法的补偿效果细节。图 5.14(b)所示的树干更清晰，图 5.14(d)所示的白云层次更接近原图效果。

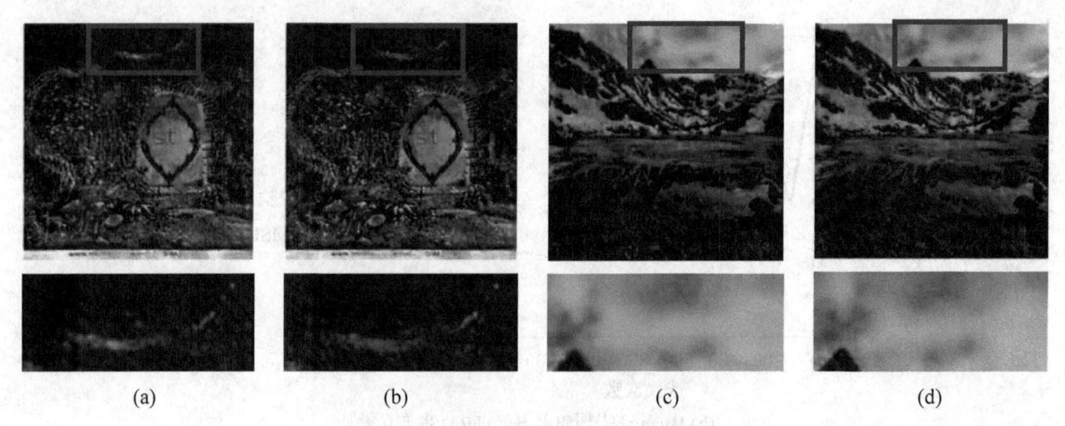

(a) (b) (c) (d)

图 5.14 Huang 等[145]补偿效果和本书改进补偿效果对比

5.4 本章小结

本章深入研究了深度学习中的卷积神经网络，分析了卷积神经网络在图像处理中的优势及网络结构，同时对两个典型的网络结构 U-net 网络和卷积自动编码器的架构也做了具体分析。对基于 U-net 主干网络与卷积自动编网络架构的 CompenNet 和 CompenNeSt++进行了深入的分析研究，改进了网络结构，为了提取更多的图像特征细节，在测试不会出现过拟合的程度上，加深了网络深度，生成图片能够保留较多的图像细节，提高了图像的生成质量，网络性能有所提高。在 D-CompenNet 网络中引入了新的损失函数，网络训练较快收敛的同时保证了训练结果的稳定性，使用改进的方法实现了投影图像与原图像更好的客观一致性，同时人眼主观感知效果也更好。

第6章 多通道投影一致性的综合校正

为了在任意自然投影介质上获得符合视觉需求的高分辨率理想图像,研究了对投影介质曲面获取的三维点云的去噪和修补算法,提出了视点无关的移动视点投影的几何畸变校正算法,改进了现有基于深度学习的投影颜色补偿算法,本章集成前几章算法,根据校正参数关联关系,研究移动视点的多投影图像的一致性综合校正方法。

6.1 智能综合校正的多通道投影系统概述

多投影图像畸变校正的机理、方法和装置三个研究内容互为支撑。自然投影介质的深度和纹理材质感知机制将为畸变校正方法提供自然投影介质的高精度深度与纹理信息,同时还为分析自然投影介质对投影图像的影响机理提供数学模型;移动视点的多投影图像几何和颜色校正算法为研制统一的优化校正方法与投影装置提供基础;投影装置的研制和精度评估模型的建立可以检验校正算法与校正流程的有效性,并为进一步完善校正算法提供实验数据。为了解决自然介质的深度和纹理材质对多通道投影图像的几何形状与颜色的干扰问题,研究了多通道投影图像的畸变机理及智能校正方法。首先构建自然投影介质的深度和纹理信息,然后对多通道投影图像进行几何校正,再对多通道投影图像进行颜色补偿,最后综合上述研究算法构建具有自动校正功能的投影装置,并优化校正算法和模型。

本书搭建的多通道投影显示系统平台中按功能划分为四个部分。第一个部分是图像校正部分,它的主要功能主要是多投影系统显示画面的几何畸变校正,对于多投影显示画面的畸变校正,首先使用 Azure Kinect DK 获取投影介质深度数据,同时应用第 3 章的算法对获取的点云数据进行去噪修补,提高点云精度,然后应用第 4 章相关内容可获取移动视点的投影画面几何畸变校正结果。第二个部分是图像渲染部分,它的主要功能是对自然介质场景进行连续投影渲染,用第 5 章基于卷积神经网络的颜色补偿方法对投影介质纹理进行颜色补偿,得到颜色补偿预投影图像后的投影图像,同时还包括对多投影仪的光度一致性校正和图像投影重叠区域的光度一致性校正融合。第三个部分是协同控制部分,它的主要功能是对各模块任务的协同部署,其中包含对所有投影仪投影输出的图像的帧同步以及投影节点的配置过程。第四个部分是数据通信部分,它的主要功能是实现三个功能模块之间数据信号的通信。

6.2 多通道投影系统一致性校正

为了对多通道投影图像进行畸变校正，首先对多投影仪光学差异一致性进行校正。然后使用深度相机获取自然投影介质的深度信息，应用三维点云数据处理方法对点云进行去噪和修补。其次，对理想的观看区域进行初步预估，进而获取目标校正平面和理想校正视点，然后根据目标校正平面和理想校正视点，对多通道投影图像进行几何畸变校正，再追踪观察者的头部位置，根据观察者位置解算新视点下的自然投影介质深度信息，对多通道投影图像进行几何畸变校正。对几何畸变校正后的图像应用基于深度学习的投影颜色补偿算法对预投影图像进行颜色补偿。最后，对投影重叠区域进行亮度融合校正。多投影校正流程如图 6.1 所示。

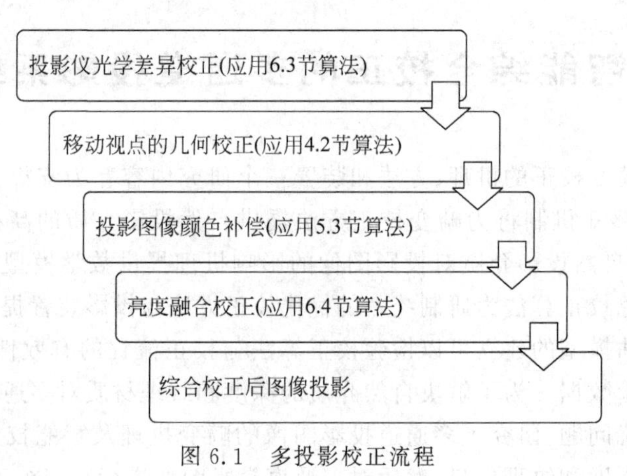

图 6.1　多投影校正流程

6.3 多投影仪光学差异机理分析及一致性校正

多通道投影系统与单投影仪系统不同，即使是同品牌、同机型的多投影仪之间也会存在颜色、亮度差异。构建多通道投影系统，必须分析投影仪的色度、亮度（光通量）、灰度（灰阶响应）差异的形成机理，并有针对性地进行校正。

投影仪个体间色度差异产生的原因主要有以下几个。

(1) 光源色温的个体差异。投影仪使用白光光源进行分色空间光调制，投影灯色温的绝对差异，甚至是同一投影灯在不同时间的差异都可能导致投影仪色度差异。

邹文海[98]设计了一个实验，使用商用投影仪开机五分钟后，在 50 分钟内测量投影画面中心白色方块的色品坐标 100 次。结果发现色品坐标波动较大，直到 30 分钟后才逐渐趋于稳定。投影仪光源色温影响测定实验结果如图 6.2 所示。

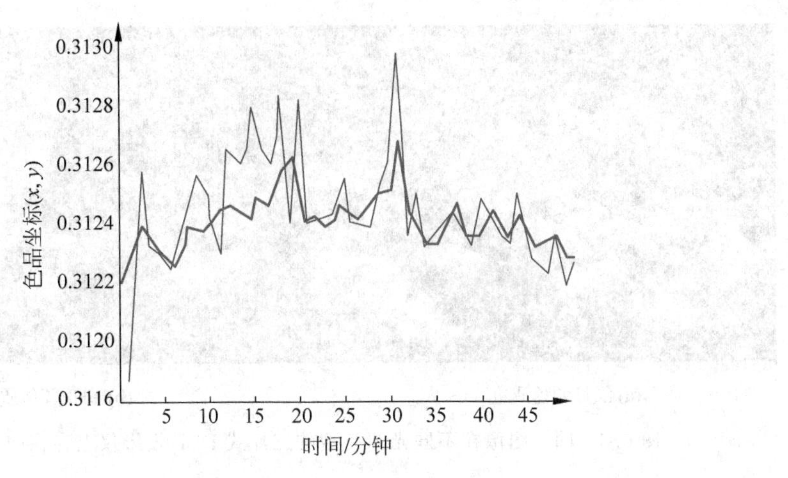

图6.2　投影仪光源色温影响测定实验结果

(2) 分合光器件个体差异导致三原色光波长和带宽差异。在投影系统中，由白光到三种原色光的分解是由分合光器件完成的，器件光学性能个体差异及光路设计因素均会导致三原色光波长和带宽的差异。

DLP和LCOS使用Philips棱镜作为白光分解器件，其结构和分色反射、折射次数明显降低，三原色波长和带宽差异更容易控制。

(3) 三原色配比个体差异。多个同类型投影仪间，如光源色温、三原色光波长和带宽差异均不存在，则投影仪色度差异来自空间光调制器所产生的三原色配比环节。国际照明委员会(CIE)于1931年制定了01931 CIE-RGB色度系统。

(4) 原色灰阶控制差异。精确控制三原色的光辐射度比例关系，依赖每种原色上的灰阶控制精度。显然，灰阶的数字控制方式要好于模拟控制方式。

上述4个原因中，原因(2)是主要因素，原因(1)、(3)、(4)是次要因素。综合考虑各种可能产生色度差异的因素，三片式DLP投影技术分光结构简单，灰度控制采用数字化10位二进制脉宽调制方法，更易通过光学测量、配型等优选手段获得较高的多投影仪色度一致性。

对于多投影仪系统，除色度差异外，亮度差异也是重要的原因之一。投影亮度差异分为四种情况，逐次递进。

(1) 单投影仪光输出空间分布差异。单投影仪投射时不同像素或不同区域亮度不同，视为光输出的空间分布差异。无论采用哪种投影机制，投影镜头产生的渐晕效应都是共性原因。

此外，对于LCD和LCOS投影仪，光输出空间分布差异还受各像素或各区域液晶填充的均匀性的影响。

(2) 单投影仪光输出量时间分布差异。DLP投影仪一般使用UHP灯或氙灯作为光源。这两种光源都会随着使用时间的延长而出现光源输出能量的衰减，但各自的表现有所不同，如图6.3所示。

(3) 多投影仪光输出量时间分布差异。投影灯光输出量随时间的衰减过程，在同型

(a) 氙灯颜色质量　　(b) UHP颜色质量

图 6.3　同一图像在不同光源类型的三片式 DLP 投影仪上存在明显差异

号的多支投影灯间也存在个体差异。而这种个体差异会直接导致多投影系统中各投影仪使用时间相同,但光输出量不同的问题。

(4) 多投影仪有效光输出空间分布差异。在多投影系统构建过程中,即使使用完全不存在前三种差异的理想化投影仪,也会因系统搭建过程中的几何校正问题引起输出区域的空间分布差异。

考虑如图 6.4 所示的双机投影系统,投影仪 A 和投影仪 B 的光轴均不与投影幕垂直,投影区域分别为 Sa 和 Sb。为使两者投影图像刚好显示在虚线标出的 Sa′和 Sb′区域中,采用数字几何校正技术进行调整。将计算机输出的矩形图像 Ia 和 Ib,调整为虚线所示的 Ia′和 Ib′,恰好可以满足要求。但需要注意的是,如投影仪 A 和投影仪 B 的光通量均为 10000 流明,因区域 Sa′和 Sb′实际面积不同,导致用于图像显示的实际光通量差异。即使区域 Sa′和 Sb′面积相同,但投影仪 A 因斜向投射图像,每个像素均不是矩形,且各像素间存在面积差异,导致投影区域 Sa′上光输出存在空间分布差异。投影仪 B 的投影方式同投影仪 A。

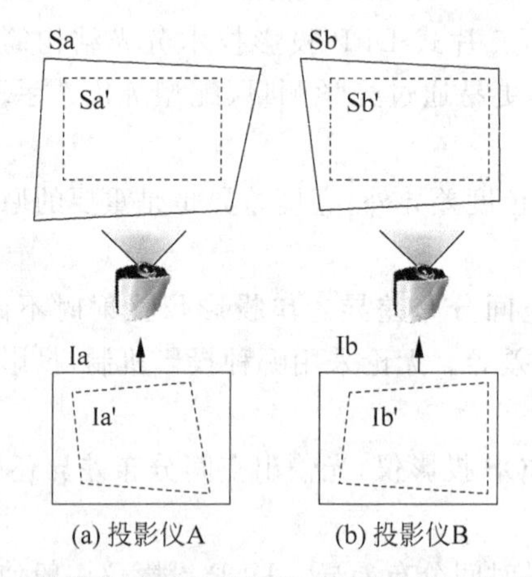

(a) 投影仪A　　(b) 投影仪B

图 6.4　投影位置差异引起的有效光输出空间分布差异

在投影仪投射灰阶图像时,可能存在不同区域、不同投影仪之间的色度差异;也可能存在相同灰度在相同投影仪的不同区域实际光辐射度不同等问题。这些差异可以看作是投影仪色度差异和光输出差异的综合作用。

绝大多数投影仪的光输出系统都是开环控制，没有光源功率的回馈控制。部分高端 DLP 投影仪厂商推出了常光输出技术（constant light out，CLO）和联机常光输出技术（linked CLO），在投影光通量留有设计预留的前提下，可保证单台或多台投影仪光通量在时间轴上是恒定的。以此为基础进行光输出均匀性校正事半功倍。

常光输出技术，其本质上是投影光源功率的闭环控制技术，在现有投影仪的基础上需增加两个核心组件，才能完成 CLO 功能的具体实现。这两个组件分别是 CLO 传感器和 CLO 控制电路。

CLO 传感器是一个照度计，用于测量经过方棒光管均匀化的白光在传感器上的照度，从而提供反演投影仪光通量。因经过方棒光管输出至 TIR 棱镜的光斑面积大于实际所需面积，所以 CLO 传感器会被安装在方棒光管和 TIR 棱镜之间的光路上，如图 6.5 所示。

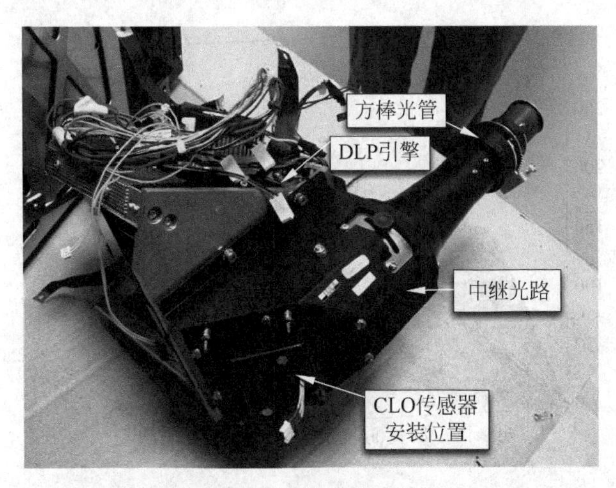

图 6.5　CLO 传感器安装位置

CLO 控制电路完成的工作是光通量反演计算和光源电源功率控制。CLO 控制电路根据 CLO 传感器测量的照度，反演计算投影仪实际输出到屏幕的光通量，跟系统设定的目标光通量进行比较，从而对光源电源功率进行响应调整，直到投影仪实际输出光通量和预设的目标光通量相符。CLO 完整的工作流程如图 6.6 所示。

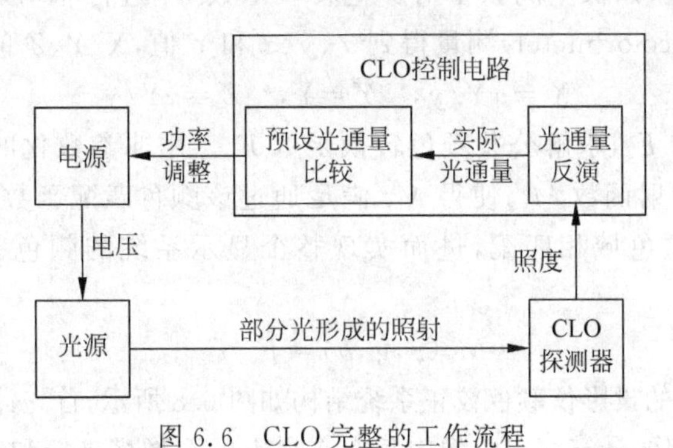

图 6.6　CLO 完整的工作流程

联机常光输出技术使用投影仪间的通信功能，设置其中一台投影仪为主机，其他投影仪为从机。在主机上预先设置目标光通量，可使所有投影仪的实际输出的光通量达到一致。

由于DLP投影机通常除了使用红、绿、蓝滤波器外，为了增加对比度还增加了一个白滤波器，所以传统的独立颜色通道亮度匹配技术不能很好地实现各投影机的颜色平衡，各投影机仍然会出现不同的白点。通过基于颜色查找表的投影仪颜色校正方法，来解决投影仪间颜色差异问题，这种投影仪颜色校正方法成本低、易实施、好操作。

全色域颜色匹配算法(Full-Gamut Color Matching)将实际DLP投影机的颜色域建模成一个非平行六面体的非加法域(图6.7)，更符合实际情况。首先测定每台投影机的颜色域，然后用一个非参数化的模型来为每台投影机寻求相应的颜色映射函数，通过该颜色映射函数使每个投影机的颜色域都与一个共同的颜色域相匹配，进而实现整个显示系统的颜色一致。

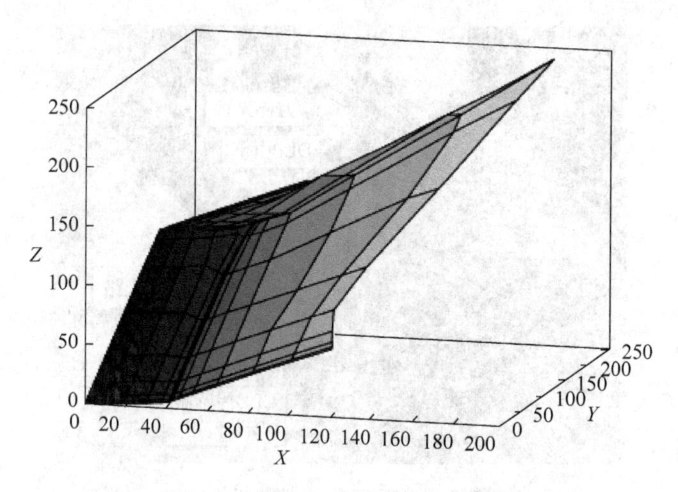

图6.7 典型DLP投影仪的颜色域

全色域颜色匹配算法要构造颜色转换函数 F。将RGB颜色空间转换为CIE-XYZ颜色空间，计算公式为

$$F: R^3 \to R^3, \quad (X,Y,Z)=F(r,g,b) \tag{6.1}$$

对第 i 台投影仪，以低空间频率对颜色转换函数 F_i 进行非均匀采样。每个输入的RGB值采用色度计(colorimeter)测量得到 x、y、z 和 Y 值，X、Y、Z 的计算公式为

$$X=xY/y, \quad Y=Y, \quad Z=zY/y \tag{6.2}$$

根据测量得到的 F_i，求解公共颜色转换函数 F_s。用非参数化的模型来为每台投影机求解相应的颜色映射函数 M_i，使得 M_i 满足通过该颜色匹配函数，每个投影机的颜色域都与一个共同的颜色域相匹配，进而实现整个显示系统的颜色一致。M_i 的求解公式为

$$M_i(r,g,b)=F_i^{-1}F_s \tag{6.3}$$

基于颜色查找表的投影仪颜色校正系统结构如图6.8所示，首先计算亮度响应曲线，读取预先设定的标定图像，计算标定图像中每个采样点的图像横坐标和纵坐标。根据每个采样点的图像坐标，提取待投标定图像的颜色值。投影仪投影标定图像到投影屏幕后获得投

影显示图像；使用测光表正对投影仪测量环境光，将测光表获取的曝光时间和光圈组合设置到要拍摄投影显示图像的相机中。然后使用设定好的照相机拍摄投影屏幕上的投影显示图像，就得到了和标定图像有颜色差的投影图像。最后利用计算机计算投影图像中每个采样点相应的坐标值，根据该坐标值能提取其在投影图像中的颜色值，每个采样点的预投颜色值和投影颜色值一起组成了颜色值对，利用这些颜色值对，再拟合出 ITF 曲线，就为待投颜色值与投影颜色值之间的对应关系。投影颜色值和待投颜色值之间的对应关系，可以通过求解 ITF 曲线的反函数曲线建立颜色查找表。得到投影颜色值和待投颜色值之间的对应关系后就可以对计算机中的原始图像进行实时颜色校正了。

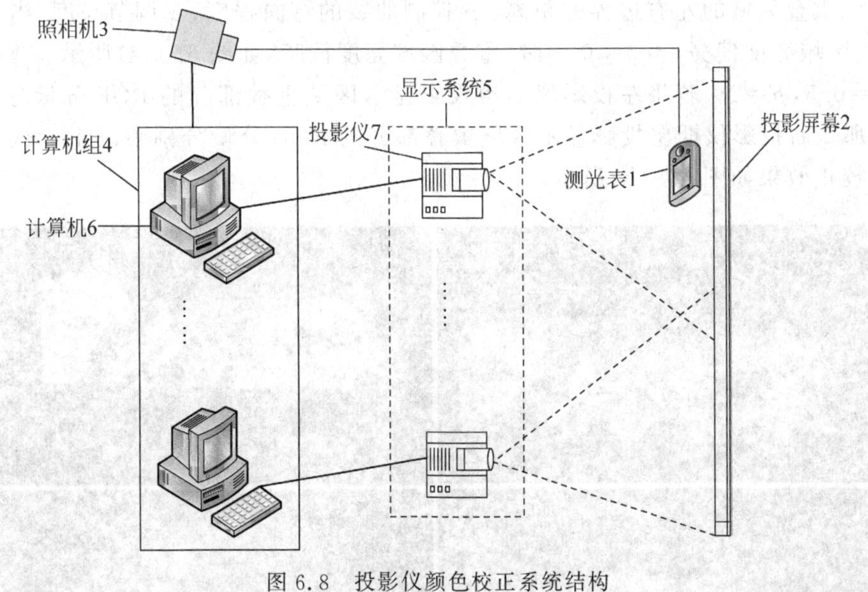

图 6.8　投影仪颜色校正系统结构

在计算机上，输入需要经投影仪投影在投影屏幕上的原始图像；计算机读取原始图像中每一点的颜色值，即投影颜色值；依据求得的 ITF 曲线的颜色查找表，获得投影颜色值对应的待投颜色值；记录原始图像每一点的待投颜色值，得到待投图像，通过投影仪将待投图像投影到投影屏幕上，显示校正后的投影图像。

基于颜色查找表的投影仪颜色校正方法，不仅能提高画面质量和视觉效果，减少多投影显示系统的颜色差异，而且避免了使用昂贵的复杂光学设备，同时大幅度减少了采用 HDR 方法时所需要的照片数量。此方法操作简单，易于实施。

6.4　多通道投影图像亮度融合及综合校正后投影

在多通道投影智能校正系统应用中，使用第 4、5 两章提出多通道投影图像的移动视点几何畸变校正和颜色补偿后，当相邻两幅图像的投影有重叠时，投影重叠区域的亮度会比没有重叠区域的亮度要高，影响用户的观看效果，采用一种边缘融合的技术可以实现重叠区域和未重叠区域的亮度平滑融合，使用融合函数，对重叠区域进行亮度减弱，即对重叠区域图像的 RGB 各分量分别与融合函数 $R(x)$ 相乘。本书经过实验对融合函数的参数不断调整以达到最好的融合效果。本书使用的融合函数 $R(x)$ 公式为

$$R(x)=\begin{cases}\alpha(2x)^p, & 0<x\leqslant 0.5\\ 1-\alpha(2(1-x))^p, & 0.5<x<1\end{cases} \tag{6.4}$$

式中，x 像素点是重叠区域的相对位置，$x=\frac{d_2}{d_1+d_2}$，d_1、d_2 分别是重叠区域某一像素点到重叠区域的左右边界的距离；p 控制曲线的弯曲程度；α 调节亮度，当 $\alpha\geqslant 0.5$ 时，重叠区域亮度偏亮，当 $\alpha<0.5$ 时，重叠区域亮度偏暗，如图 6.9(a)所示。本书实验中取 $\alpha=0.5$，$p=2$。若将左投影仪期望投影显示区域重叠部分的 RGB 分量分别乘以 $R(x)$，那么右投影仪期望投影显示区域重叠部分的 RGB 分量分别乘以 $1-R(x)$。亮度融合校正效果如图 6.9(b)所示。

(a) 多投影效果图像　　(b) 亮度融合处理后投影效果图像

图 6.9　亮度融合校正效果

本书搭建的多通道投影系统综合校正效果如图 6.10 所示。

如图 6.10(a)所示为多通道投影系统综合校正效果，硬件需求主要包括高性能图像处理工作站、两个 Azure Kinect DK 和两个投影仪。多通道投影显示画面的几何畸变校正、颜色补偿、光学差异一致性校正、投影重叠区域亮度一致性融合、协同控制、图像渲染控制等工作主要由高性能图像处理工作站处理。两个深度相机分别用来：追踪用户位置，获取自然投影介质曲面的深度信息；采集预处理图像作为校正图像反馈工作，获取全局投影画面的色度一致性预处理图像信息。如图 6.10(b)所示为模拟自然介质的任意扭曲的投影幕。如图 6.10(c)所示为投影两个带拼接图片后的畸变显示效果。其中有几何上的变形，投影背景颜色的干扰和投影重叠区域的亮度不一致。如

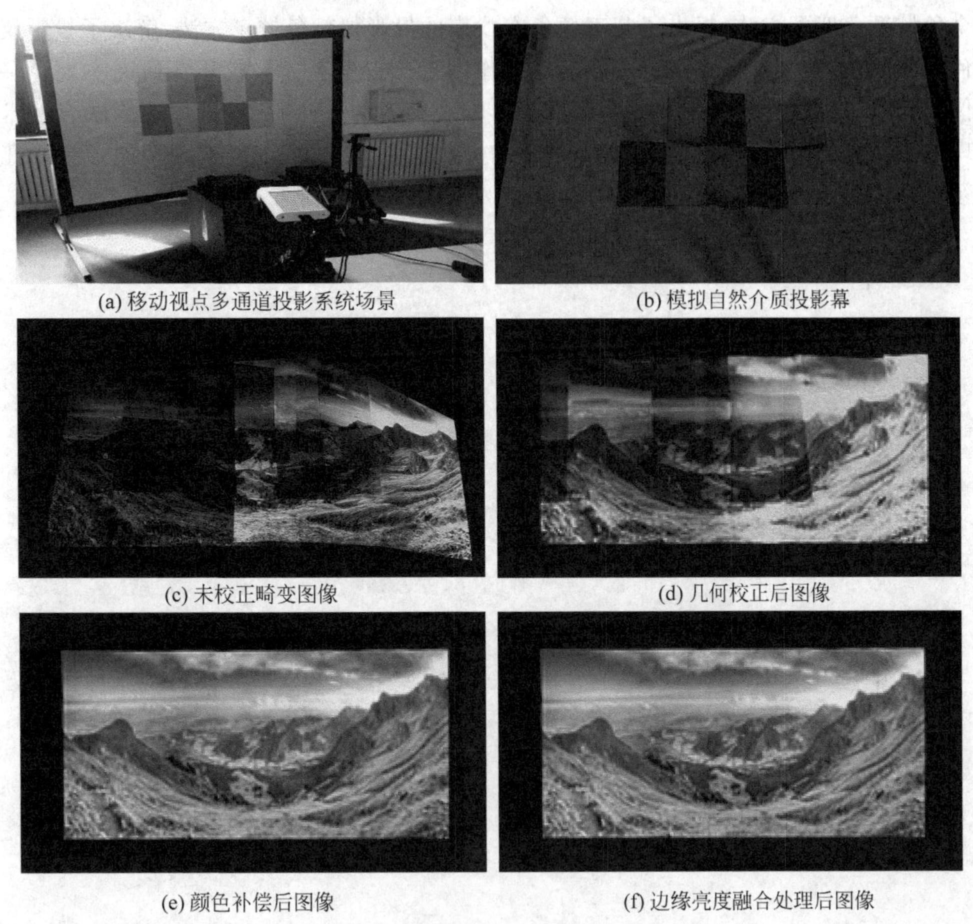

(a) 移动视点多通道投影系统场景　(b) 模拟自然介质投影幕

(c) 未校正畸变图像　(d) 几何校正后图像

(e) 颜色补偿后图像　(f) 边缘亮度融合处理后图像

图6.10　多通道投影系统综合校正效果

图6.10(d)所示为对投影画面应用前述第4章的投影几何校正方法校正后的投影效果。如图6.10(e)所示为应用基于深度学习的颜色补偿后投影图像效果，因为是分别对两张图像进行颜色补偿，所以在拼接投影后出现了投影重叠区域的亮度与不重叠区域的不一致，最后对投影图像进行重叠区域亮度一致性校正，得到如图6.10(f)所示的最终投影效果图像。实验表明本书搭建的多通道投影系统能够实现以自然场景为投影介质的图像高保真效果显示，多屏幕高分辨率的显示画面增强了用户视觉冲击和高舒适度感受。

6.5　本章小结

本章重点研究了由多投影仪和自然介质作为投影幕构成的投影系统。提出了多投影仪光学差异一致性校正方法，实现了多投影的几何畸变校正和颜色干扰的补偿，完成了多通道投影重叠区域亮度融合一致性校正。通过分析多显示设备的光学差异机理，使用基于全色域颜色匹配方法，提出了基于颜色查找表的投影仪颜色校正方法，解决了投影仪间颜色差异问题，实现了低成本、易实施、好操作的投影仪颜色差异校正。研究实现了多投影仪的光度一致性。多投影的重叠区域会影响观察者的视觉感受，采用边缘融合技术可实现重叠部分的亮度平滑过渡。本书搭建的多投影显示系统，能够实现多通道投影几何和颜色补偿后无缝拼接融合的一致性显示。

第7章 结论与展望

7.1 结论及创新点

随着计算机视觉技术的广泛应用和数字媒体产业的发展,非平面多投影技术凭借其投影可视化区域广、自身布局灵活性等特点,在虚拟现实、多媒体技术、场馆展示、模拟仿真等领域得到越来越多的应用,发展潜力巨大。现在的非平面多投影主要存在以下问题:首先,自然介质上投影图像的校正需要获取介质的深度和纹理信息,但是自然介质表面环境的复杂性使得精确信息的获取十分困难;其次,现有的校正方法多是以某个固定视点为基础,虽然固定视点已经可以脱离摄像机视点,但是无法确定固定视点是否为可观看区域中最佳的理想视点,且不能实现移动视点;最后,现有投影系统中能应对的投影表面的纹理都比较简单,对于日常生活中的复杂自然介质上的投影,即使通过多次迭代处理与摄像机反馈也无法获得高精度的补偿。本书针对投影仪相机视觉设备的成像机制、三维点云数据的去噪修补方法、自然介质曲面的理想视点和移动视点多投影几何校正、自然介质上的投影颜色补偿和多通道投影系统开发等方面进行了深入研究,全书的主要研究成果总结如下。

(1) 为了减少复杂因素对获取的不规则自然投影介质三维点云质量的影响,提高投影几何校正的精度和效率,通过对三维点云数据的分析,本书提出多个点云数据处理算法。首先,本书提出了基于顶点亮度、位置与法向的改进双边滤算法。本书所述方法比直接采用双边滤波的方法效果更好,在很好地去除噪声的同时能够较好地保留点云的边界等尖锐特征。本书改进了一种基于流形重构的点云去噪算法,以多尺度的方式从受噪声干扰的点云中学习点云特征,并增加了自注意力机制模块,可以捕获长距离依赖关系,大量的实验证明了本书的方法在合成噪声和真实噪声下的优越性。其次,本书提出了基于三角网格模型的孔洞边界提取算法与通过新增三角片孔洞修补算法相结合的三维点云孔洞修补方法。本书通过上采样法使修补区域和原有区域更光滑地连接,并将孔洞边界做了进一步的细化处理。对于补丁区域和原始区域可能存在的过渡相对生硬的问题,本书利用径向函数建立隐式曲面,将补丁无限逼近于原始曲面,从而达到光滑过渡的目的。本书通过利用三角片三边长度对三角形形状因子进行了计算,经过修补的图像中,平均形状因子均大于0.7满足试验指标,有着较高的网格质量。最后,本书提出了基于深度学习的三维点云实时修补方法,设计了点云修补网络结构,使用EMD损失函数,实现了三维点云的实时修补。在ShapeNet数据集上测试本书的修补方法,实验结果显示了算法的有效性,大多数类别的修补结果都达到了预期。

(2) 根据投影曲面的深度信息,本书研究了重建曲面上的特征点、投影仪相机、观看视点间的关系,融合人眼的感知特性,探究了理想观看区域与投影曲面、投影仪相机间的关联机制,研究了基于投影曲面深度的理想观看区域的初步估计算法。首先,本书提出了视点无关的移动视点投影几何畸变校正方法。其次,本书提出了在确定理想校正视点后,通过理想视点位置推算出理想视点坐标系与世界坐标系的转换关系,将投影面上图像点的世界坐标变换为视点坐标。使用深度相机跟踪定位用户位置,并通过单应矩阵建立新的视点坐标和世界坐标的转换关系,重新确定校正平面,实现了移动视点的投影校正。最后,为了实现投影几何畸变校正图像的自主评价方法,本书提出了全视场畸变率验证算法,通过平均校正率值可以判断图像校正的效果。

(3) 结合投影面纹理材质的光学特性模型,本书探究了投影面对图像颜色的影响机理,研究了基于深度学习的投影图像的颜色一致性校正算法。结合 U-net 网络和自动编码器的优势,本书提出了 D-CompenNet 网络架构,改进的网络结构提取更多的纹理表面信息和投影图像特征,在其中一个数据集上进行测试,D-CompentNet 模型使用 Smooth L_1+SSIM loss 比 CompentNet 中使用 L_1+SSIM loss 的 VALID_SSIM 提高了 11.49%,而 VALID_RMSE 仅提高了 0.51%,显示出了改进的明显优势。研究了基于深度学习的投影全补偿方法,对于本书所提出的加深的 CompenNeSt++模型的投影图像颜色补偿算法在相同的数据集上的验证指标对比,RMSE 值降低了 0.23%,SSIM 值增加了 1.46%。

(4) 投影系统应用在自然介质为投影幕的显示环境中,自然介质常是不规则并带有纹理的曲面,这使得几何校正不能用参数化的方式简单校正,光度补偿也不只是对环境光进行补偿修正,还要补偿纹理颜色带干扰出现的色彩偏差。为了解决这类问题,本书提出了以自然介质为多投影幕的自动校正方法,根据多通道投影图像的畸变校正规律的探索,研究了基于三维重建的移动视点多通道投影图像的几何校正算法和基于深度学习的颜色补偿方法,并构建投影装置,根据建立的精度评估模型,反馈优化校正模型和算法。本书提出了多投影仪的光学差异一致性校正算法和多通道投影图像重叠区域亮度融合算法,并概述了搭建多投影显示系统的流程和方法。

7.2 展望

本书针对多通道投影的几何及颜色校正技术进行了深入探讨研究,虽然取得了一定的研究成果,但是随着投影设备及投影显示技术的快速发展,会出现更多、更好的解决方案,也会涉及新的技术难点,因此多通道投影技术还有待于进一步探索研究。

(1) 本书提出的三维点云去噪及修补方法,将点云噪声分类去除,并能够保持点云本身尖锐的特征,对点云的修补能够实现平滑过渡,但还要分步进行操作,当点云既存在噪声又有孔洞时需要同时去噪和修补的情况,还需要进一步探索研究。

(2) 本书提出的移动视点的几何校正方法,都是针对刚体环境下实现的。当投影介质是可变性的非刚体介质，本书移动视点的几何畸变校正和颜色补偿方法将会受到一定的影响。因此，如何实现非刚体自然场景上的投影几何畸变校正和颜色补偿方法是将来要进一步研究的课题。

(3) 对于本书提出的基于深度学习的投影图像颜色校正问题，解决了自然介质为投影幕的投影颜色校正问题。提出的基于深度学习的投影全补偿方法能够解决自然介质的非平面投影幕的投影几何校正和颜色补偿问题。但是当应用在多投影的情况下实现几何校正和颜色补偿的方法还需要进一步研究，实现效果和效率的平衡问题还有待探讨。

(4) 本书研究的多投影显示系统，虽然能够实现无畸变的投影显示效果，但是还不能实现用户不穿戴任何设备的人机交互功能。随着人们对互动效果的需求，更渴望实现能随时进行不穿戴设备的更直接的人机互动体验。因此，实现自由控制的人机交互系统是多通道投影显示技术的未来发展方向。

参 考 文 献

[1] Thuong H, Martin R, Zaher J, et al. Augmented Studio: Projection Mappingon Moving Body for Physiotherapy Education[C]. CHI 2017-The ACM CHI Conference on Human actors in Computing Systems, 2017, Denver, CO, USA, pp: 1419-1430.

[2] Wang X, Yan K, Liu Y. Automatic Geometry Calibration for Multi-Projector Display Systems with Arbitrary Continuous Curved Surfaces [J]. IET Image Processing, 2019, 13(7): 1050-1055.

[3] Zhou Q, Miller G, Wu K, et al. Automatic Calibration of a Multiple-Projector Spherical Fish Tank VR Display[C]. IEEE Winter Conference on Applications of Computer Vision, 2017, Washington, DC, USA, pp: 1072-1081.

[4] Xu C, Zhang C, Zhou X, et al. Improved Panoramic Representation via Bidirectional Recurrent View Aggregation for 3D Model Retrieval[J]. IEEE Computer Graphics & Applications, 2018: 1.

[5] Majumder A, Sajadi B. Large Area Displays: The Changing Face of Visualization [J]. IEEE Computer Society, 2013, 46(5): 26-33.

[6] Marner M R, Smith R T, Walsh J A, et al. Spatial User Interfaces for Large-Scale Projector-Based Augmented Reality[J]. Computer Graphics and Applications, IEEE. 2014, 34(6): 74-82.

[7] Lincoln P, Blate A, Singh M, et al. Scene-adaptive High Dynamic Range Display for Low Latency Augmented Reality[C]. Proceedings of the 21st ACM SIGGRAPH Symposium on Interactive 3D Graphics and Games, 2017, San Francisco, California, pp: 1-7.

[8] Hashimoto N, Goto T. Free-Viewpoint Photometric Compensation [C]. ACM SIGGRAPH ASIA 2016 Posters, 2016, Macau, China. pp: 1-1.

[9] 吴禄慎，史皓良，陈华伟. 基于特征信息分类的三维点数据去噪[J]. 光学精密工程，2016，24(6)：1465-1473.

[10] Li Z L, Zhu L M. Envelope Surface Modeling and Tool Path Optimization for Five-axis Flank Milling Considering Cutter Runout[J]. Journal of Manufacturing Science and Engineering, 2014, 136(4): 041021.

[11] Collet A, Chuang M, Sweeney P, et al. High-quality Streamable Free-viewpoint Video [J]. ACM Transactions on Graphics (TOG), 2015, 34(4): 69.

[12] 王丽辉. 三维点云数据处理的技术研究[D]. 北京交通大学，2011.

[13] 鲁冬冬，邹进贵. 三维激光点云的降噪算法对比研究[J]. 测绘通报，2019(S2)：102-105.

[14] 李仁忠，杨曼，冉媛，等. 基于方法库的点云去噪与精简算法[J]. 激光与光电子学进展，2018，55(1)：251-257.

[15] 卢钰仁，张明路，吕晓玲，田颖. 基于法向修正的双边滤波点云去噪处理[J]. 仪表技术与传感器，2018(7)：111-115.

[16] 朱广堂，叶珉吕. 基于曲率特征的点云去噪及定量评价方法研究[J]. 测绘通报，2019(6)：105-108.

[17] 崔鑫，闫秀天，李世鹏. 保持特征的散乱点云数据去噪[J]. 光学精密工程，2017，25(12)：3169-3178.

[18] Zeng J, Cheung G, Ng M, et al. 3D Point Cloud Denoising using Graph Laplacian Regularization of a Low Dimensional Manifold Model [J]. IEEE Transactions on Image Processing, 2018, 99, 3474-3489.

[19] Hu W, Gao X, Cheung G, Guo Z. Feature Graph Learning for 3D Point Cloud Denoising[J]. IEEE

Transactions on Signal Processing. 2020,68,2841-2856.

[20] Jun Y. A piecewise Hole Filling Algorithm in Reverse Engineering[J]. Computer-Aided Design (S0010-4485),2005,37(2): 263-270.

[21] 张洁,岳玮宁,王楠,等.三角网格模型的各向异性空洞填补算法[J].计算机辅助设计与图形学学报,2007,19(7): 892-897.

[22] Zhao W, Gao S, Lin H. A robust Hole-filling Algorithm for Triangular Mesh[J]. The Visual Computer (S0178-2789),2007,23(12): 987-997.

[23] Bruno L. Dual Domain Extrapolation[J]. ACM Transactions on Graphics (S0730-0301), 2003, 22(3): 364-369.

[24] Brunton A, Wuhrer S, Shu C, et al. Filling Holes in Triangular Meshes by Curve Unfolding[C]. Proceedings. International Conference on Shape Modeling and Applications, 2009, Beijing, China, pp: 66-72.

[25] 王小超,曹俊杰,刘秀平,等.波前法在三角网格空洞填补中的应用[J].计算机辅助设计与图形学学报,2011,23(6): 1048-1054.

[26] Wang X, Liu X, Lu L, et al. Automatichole-filling of CAD Models with Feature-preserving[J]. Computers & Graphics(S0097-8493),2012,36(2): 101-110.

[27] Davis J, Marschner S R, Garr M, et al. Filling Holes in Complex Surfaces Using Volumetric Diffusion[C]. Proc First International Symposium on 3D Data Processing. IEEE,2002,Padua,Italy, pp: 428-441.

[28] Nooruddin F S, Turk G. Simplification and Repair of Polygonal Models Using Volumetric Techniques[J]. Visualization and Computer Graphics, IEEE Transactions on(S1077-2626),2003, 9(2): 191-205.

[29] Ju T. Robust Repair of Polygonal Models[J]. ACM Transactions on Graphics (S0730-0301),2004, 23(3): 888-895.

[30] Vinacua B A. Mesh repair with User-friendly Topology Control[J]. Computer-Aided Design,2011, 43(1): 101-113.

[31] Qi C R, Su H, Mo K, et al. PointNet: Deep Learning on Point Sets for 3D Classification and Segmentation[C]. 2017 IEEE Conference on Computer Vision and Pattern Recognition (CVPR). IEEE,2017,Honolulu,HI,USA,pp: 77-85.

[32] Qi C R, Yi L, Su H, et al. Pointnet++: Deep Hierarchical Feature Learning on Point Sets in a Metric Space[EB/OL]. In Proc. NIPS,2017.

[33] Guerrero P, Kleiman Y, Ovsjanikov M, et al. PCPNet Learning Local Shape Properties from Raw Point Clouds[J]. Computer Graphics Forum,2017,37(2).

[34] Yin K, Huang H, Cohen-Or D, et al. P2P-NET: Bidirectional Point Displacement net for Shape Transform[J]. ACM Transactions on Graphics,2018,37(4): 1-13.

[35] Zhao L, Weng D, Li D. The Auto-geometric Correction of Multi-projector for Cylindrical Surface Using Bézier Patches[J]. Journal of the Society for Information Display,2015,22(9): 473-481.

[36] Li Z, Wong K H, Gong Y, et al. An Effective Method for Movable Projector Keystone Correction [J]. IEEE Transactions on Multimedia. 2011,13(1): 155-160.

[37] Xu W, Wang Y, Liu Y, et al. Real-time Keystone Correction for Hand-held Projectors with an RGBD Camera [C]. 20th International Conference on Image Processing (ICIP), IEEE. 2013, Melbourne, VIC, Australia, pp: 3142-3146.

[38] Park J, Lee B U. Defocus and Geometric Distortion Correction for Projected Images on a Curved Surface[J]. Applied Optics,2016,55(4): 1-25.

[39] Chao X, Hongyu Y, Haijun L, et al. Geometric Calibration for Multi-projector Display System Based on Structured Light[J]. Journal of Computer-Aided Design & Computer Graphics, 2013, 25(6): 802-808.

[40] Boroomand A, Sekkati H, Lamm M, et al. Saliency-guided Projection Geometric Correction Using a Projector-camera System[C]. Image Processing (ICIP), 2016 IEEE International Conference on. IEEE, 2016, Phoenix, AZ, USA, pp: 2951-2955.

[41] Lin S, Chen Y, Lai Y K, et al. Fast Capture of Textured full-body Avatar with RGB-D Cameras[J]. The Visual Computer, 2016, 32(6): 681-691.

[42] Lee K R, Nguyen T. Realistic Surface Geometry Reconstruction Using a Hand-held RGB-D Camera [J]. Machine Vision & Applications, 2016, 27(3): 1-9.

[43] Shin D W, Ho Y S. Implementation of 3D Object Reconstruction Using Multiple Kinect Cameras [J]. Electronic Imaging, 2016(21): 1-7.

[44] Soleimani V, Mirmehdi M, Damen D, et al. 3D Data Acquisition and Registration Using Two Opposing Kinects [C]. International Conference on 3d Vision. IEEE Computer Society, 2016, Stanford, CA, USA, pp: 128-137.

[45] Tan M, Xu W, Weng D. iSarProjection: A KinectFusion Based Handheld Dynamic Spatial Augmented Reality System[C]. International Conference on Computer-Aided Design and Computer Graphics. IEEE, 2013, Guangzhou, China, pp: 425-426.

[46] Steimle J, Jordt A, Maes P. et al. Flexpad: Highly Flexible Bending Interactions for Projected Handheld Displays [C]. SIGCHI Conference on Human Factors in Computing Systems. ACM, 2013, Paris, France, pp: 237-246.

[47] Zhou Y, Xiao S, Tang N, et al. Pmomo: Projection Mapping on Movable 3D Object[C]. Proceedings of the 2016 CHI Conference on Human Factors in Computing Systems. ACM, 2016, San Jose, CA, USA, pp: 781-790.

[48] Kim J H, Choi J S, Koo B K. Calibration of Multi-Kinect and Multi-camera Setup for Full 3D Reconstruction[C]. 44th International Symposium on Robotics (ISR), IEEE. 2013, Seoul, Korea (South), pp: 1-5.

[49] Shen J, Cheung S C S. Layer Depth Denoising and Completion for Structured-Light RGB-D Cameras [C]. Computer Vision and Pattern Recognition (CVPR), IEEE. 2013, Portland, OR, USA, pp: 1187-1194.

[50] Han Y, Lee J Y, Kweon I S. High Quality Shape from a Single RGB-D Image under Uncalibrated Natural Illumination [C]. International Conference on Computer Vision (ICCV), IEEE. 2013, Sydney, NSW, Australia, pp: 1617-1624.

[51] Choe G, Park J, Tai Y W, et al. Exploiting Shading Cues in Kinect IR Images for Geometry Refinement[C]. Computer Vision and Pattern Recognition (CVPR), IEEE. Columbus, OH, USA, 2014, pp: 3922-3929.

[52] Lan J, Ding Y, Peng T. Geometric Correction of Projection Using Structured Light and Sensors Embedded Board[J]. Sensors & Transducers, 2014, 173(6): 244-249.

[53] Hashimoto N, Kosaka K. Photometric Compensation for Practical and Complex Textures[C]. ACM SIGGRAPH 2015 Posters. 2015, Los Angeles, California, pp: 1-1.

[54] Grundhofer A, Bimber O. Real-Time Adaptive Radiometric Compensation [J]. IEEE Trans Vis Comput Graph, 2008, 14(1): 97-108.

[55] Grundhofer A, Iwai D. Robust, Error-Tolerant Photometric Projector Compensation [J]. IEEE Transactions on Image Processing, 2015, 24(12): pp: 5086-5099.

[56] Dehos J, Zeghers E, Renaud C. Radiometric compensation for a low-cost immersive projection system[C]. In Proceedings of the 2008 ACM symposium on Virtual reality software and technology (VRST'08). Association for Computing Machinery, 2008, New York, NY, USA, pp: 130-133.

[57] Harville M, Culbertson B, Sobel I, et al. Practical Methods for Geometric and Photometric Correction of Tiled Projector[C]. 2006 Conference on Computer Vision and Pattern Recognition Workshop (CVPRW'06). 2006, New York, NY, USA, pp: 5-5.

[58] Ng T T, Pahwa R S, Bai J, et al. Radiometric Compensation Using Stratified Inverses[C]. Computer Vision, 2009 IEEE 12th International Conference on. IEEE, 2009 Kyoto, Japan, pp: 1889-1894.

[59] Ashdown M, Okabe T, Sato I, et al. Robust Content-Dependent Photometric Projector Compensation[C]. Conference on Computer Vision & Pattern Recognition Workshop. IEEE Computer Society, 2006, New York, NY, USA, pp: 6-6.

[60] Bokaris P A, Gouiffès M, Jacquemin C, et al. Photometric Compensation to Dynamic Surfaces in a Projector Camera System[M]. Computer Vision-ECCV 2014 Workshops. Springer International Publishing, 2015: 283-296.

[61] Post M, Fieguth P, Naiel M, et al. Fast Radiometric Compensation for Nonlinear Projectors[C]. 4th Annual Conference on Vision and Intelligent Systems (CVIS). 2018, Waterloo, Canada, pp: 987-991.

[62] Madi A, Ziou D. Color constancy for visual compensation of projector displayed image[J]. Displays, 2014, 35(1): 6-17.

[63] Bermano A H, Billeter M, Iwai D, et al. Makeup Lamps: Live Augmentation of Human Faces via Projection[J]. Computer Graphics Forum, 2017, 36(2): 311-323.

[64] Li Y, Majumder A, Gopi M, et al. Practical Radiometric Compensation for Projection Display on Textured Surfaces using a Multidimensional Model[J]. Computer Graphics Forum, 2018, 37(2): 365-375.

[65] Majumder A, Stevens R. Color Nonuniformity in Projection-Based Displays: Analysis and Solutions [J]. IEEE Transactions on Visualization and Computer Graphics, 2004, 10(2): 177-188.

[66] Wang XH, Hua W, Lin H, Bao HJ (2007) Screen calibration techniques for multi-projector tiled display Wall[J]. Journal of software, 2007, 18(11): 2955-2964

[67] Jia Q, Xu H, Song J, et al. Research of Color Correction Algorithm for Multi-projector Screen Based on Projector-Camera System[C]. Second International Conference on Intelligent System Design and Engineering Application (ISDEA), IEEE. 2012, Sanya, China, pp: 1285-1288.

[68] Babar K, Hafiz R, Khurshid K, et al. A scalable architecture for geometric correction of multi-projector display systems[J]. Displays, 2015, 40 (1): 104-112.

[69] Pedersen M, Suazo D, Thomas J B. Seam-Based Edge Blending for Multi-Projection Systems[J]. International Journal of Signal Processing, Image Processing and Pattern Recognition, 2016, 9(4): 11-26.

[70] Sajadi B, Tehrani M A, Rahimzadeh M, et al. High-resolution lighting of 3D reliefs using a network of projectors and cameras[C]. 2015 3DTV-Conference: The True Vision - Capture, Transmission and Display of 3D Video (3DTV-CON 2015). 2015, Lisbon, Portugal, pp: 1-4.

[71] Majumder A, Stevens R. Perceptual Photometric Seamlessness in Projection-based Tiled Displays [J]. Acm Transactions on Graphics, 2005, 24(1): 118-139.

[72] Zoido C, Maroto J, Romero G, et al. Optimized Methods for Multi-projector Display Correction[J]. International Journal on Interactive Design and Manufacturing (IJIDeM), Springer, 2013, 7(1): 13-25.

[73] Sajadi B, Lazarov M, Gopi M, et al. Color Seamlessness in Multi-Projector Displays Using Constrained Gamut Morphing[J]. IEEE Transactions on Visualization & Computer Graphics, 2009,15(6): 1317-1326.

[74] Li D,Xie J,Zhao L,et al. Multi-projector Auto-calibration and Placement Optimization for Non-planar Surfaces[J]. Optical Review,2015,22(5): 762-778.

[75] Jung J I, Ho Y S. Geometric and Colorimetric Error Compensation for Multi-view Images[J]. Journal of Visual Communication and Image Representation,2014,25(4): 698-708.

[76] Damera-Venkata N, Chang N L, Dicarlo J M, A Unified Paradigm for Scalable Multi-Projector Displays[J]. IEEE Transactions on Visualization and Computer Graphics,2007,13(6): 1360-1367.

[77] Bhasker E, Juang R, Majumder A. Registration Techniques for Using Imperfect and Partially Calibrated Devices in Planar Multi-Projector Displays[J]. IEEE Transactions on Visualization and Computer Graphics,2007,13(6): 1368-1375.

[78] Willi S, Grundhofer A . Robust Geometric Self-Calibration of Generic Multi-Projector Camera Systems[C]. IEEE International Symposium on Mixed & Augmented Reality. IEEE Computer Society,2017,. Nantes,France,pp: 42-51.

[79] Heinz M, Brunnett G. Optimized GPU-based Post-processing for Stereoscopic Multi-projector display systems[J]. Virtual Reality,2019,23: 45-60.

[80] Wang X,Yan K . Automatic Color Correction for Multi-projector Display Systems[J]. Multimedia Tools and Applications,2018,77(11): 13115-13132.

[81] Tehrani M A,Gopi M,Majumder A,et al. Auto-calibration of Multi-projector Systems on Arbitrary Shapes[C]. Applied Imagery Pattern Recognition Workshop,IEEE,2017.

[82] Mahdi,Abbaspour,Tehrani,et al. Automated Geometric Registration for Multi-Projector Displays on Arbitrary 3D Shapes Using Uncalibrated Devices[J]. IEEE transactions on visualization and computer graphics,2021,27(4): 2265-2279.

[83] Bajestani S A, Pourreza H, Nalbandian S. Scalable and View-independent Calibration of Multi-projector Display for Arbitrary Uneven Surfaces[J]. Machine Vision and Applications, 2019, 30(7/8): 1191-1207.

[84] Ding Y. Visual Quality Assessment for Natural and Medical Image[M]. [S. l.]: Springer,2018.

[85] Lukac R. Perceptual Digital Imaging: Methods and Applications[M]. [S. l.]: CRC Press,2017.

[86] Gollisch T,Meister M. Eye Smarter Than Scientists Believed: Neural Computations in Circuits of the Retina[J]. Neuron,2010,65(2): 150-164.

[87] Mannos J,Sakrison D. The Effects of a Visual Fidelity Criterion of the Encoding of Images[J]. IEEE transactions on Information Theory,1974,20(4): 525-536.

[88] Larson E C,Chandler D M. Most Apparent Distortion: Full-reference Image Quality Assessment and the Role of Strategy[J]. Journal of Electronic Imaging,2010,19(1): 011006.

[89] Mitsa T, Varkur K. Evaluation of Contrast Sensitivity Functions for the Formulation of Quality Measures Incorporated in Halftoning Algorithm[C]. IEEE International Conference on Acoustics Speech and Signal Processing,1993.

[90] Wandell B A. Foundations of Vision[M]. S. L. : Sinauer Associates,1995.

[91] Taylor C C,Pizlo Z,Aaaebach J P,et al. Image Quality Assessment with a Gabor Pyramid Model of the Human Visual System [C]. Proceedings of SPIE-The International Society for Optical Engineering 3016,1997,pp: 58-70.

[92] Gu K,Zhai G,Yang X,et al. Using Free Energy Principle for Blind Image Quality Assessment[J]. IEEE Transactions on Multimedia,2015,17(1): 50-63.

[93] 王晓春.微型激光投影机色度匹配的研究[D].长春：吉林大学，2010.

[94] 周杰.反射式投影显示光学系统的理论分析和应用研究[D].杭州：浙江大学，2005.

[95] Salsman K E, Hopper D G. Projection System Design: Display Device and System Performance Tradeoffs[C]. Proceedings of SPIE - The International Society for Optical Engineering SPIE, 1997, pp: 98-109.

[96] Gerhard-Multhaupt R, Mahler G. Lighe-Value Projection Displays Introduction[J]. Displays, 1995, 16: 5-7.

[97] 艾曼灵.大屏幕投影显示发展动态及新体制新技术研究[D].杭州：浙江大学，2001.

[98] 邹文海.投影显示图像颜色失真校正研究[D].杭州：浙江大学，2010.

[99] Mada S K, Smith M L, Smith L, et al. Overview of Passive and Active Vision Techniques for Hand-held 3D Data Acquisition[C]. Opto Ireland. International Society for Optics and Photonics, 2003, pp: 16-27.

[100] 陈泽志.由非定标图像序列重建和测量三维物体[D].西安：西安电子科技大学，2002.

[101] Mishra D K, Chandwani M. CCD Camera Based Automatic Dimension Measurement and Reproduction of 3D objects[C]. TENCON'93. Proceedings. Computer, Communication, Control and Power Engineering 1993 IEEE, 1993, Beijing, China, pp: 530-533.

[102] Hu Z, Guan Q, Liu S, et al. Robust 3D Shape Reconstruction from a Single Image Based on Color Structured Light[C]. Artificial Intelligence and Computational Intelligence, 2009.

[103] Salvi J, Pages J, batlle J. Pattern Codification Strategies in Structured Light Systems[J]. Pattern Recognition, 2004, 37(4): 827-849.

[104] Massa J S, Buller G S, Walker A C, et al. Time-of-flight Optical Ranging System Based on Time-correlated Single-photon Counting[J]. Applied optics, 1998, 37(31): 7298-7304.

[105] Hoegg T, Lefloch D, Kolb A et al. Time-of-Flight Camera Based 3D Point Cloud Reconstruction of a Car[J]. Computers in Industry, 2013, 64(9): 1099-1114.

[106] Chai X, Wen F, Cao X, et al. A Fast 3D Surface Reconstruction Method for Spraying Robot with time-of-flightbcamera[C]. Mechatronics and Automationb(ICMA). 2013, Takamatsu, Japan, pp: 57-62.

[107] 陈超.基于TOF摄像机的三维点云地图构建研究[D].哈尔滨：哈尔滨工业大学，2013.

[108] Rakotosaona M J, La Barbera V, Guerrero P, et al. PointCleanNet: Learning to Denoise and Remove Outliers from Dense Point Clouds[J]. Computer Graphics Forum. 2020, 39(1): 185-203.

[109] Duan C, Chen S, Kovacevic J. 3D Point Cloud Denoising Via Deep Neural Network Based Local Surface Estimation. ICASSP 2019—2019 IEEE International Conference on Acoustics, Speech and Signal Processing[C]. Brighton: IEEE, 2019: 8553-8557.

[110] Hermosilla P, Ritschel T, Ropinski T. Total Denoising: Unsupervised learning of 3D point cloud cleaning[C]. Proceedings of the IEEE/CVF International Conference on Computer Vision. Seoul: IEEE, 2019: 52-60.

[111] Zeng J, Cheung G, Ng M, et al. 3D Point Cloud Denoising Using Graph Laplacian Regularization of a Low Dimensional Manifold Model[J]. IEEE Transactions on Image Processing, 2019, 29: 3474-3489.

[112] Luo S, Hu W. Differentiable Manifold Reconstruction for Point Cloud Denoising[C]. Proceedings of the 28th ACM International Conference on Multimedia, New York: Association for Computing Machinery, 2020: 1330-1338.

[113] Durand F, Dorsey J. Fast Bilateral Filtering for the Display of High-dynamic-range Images[J]. ACM Transactions on Graphics, 2002, 21: 257-266.

[114] Tomasi C,Manduchi R. Bilateral Filtering for Gray and Color Images[C]. International Conference on Computer Vision,IEEE,2002,Bombay,India,pp：839-846.

[115] Hassani K,Haley M. Unsupervised Multi-task Feature Learning on Point Clouds[C]. Proceedings of the IEEE/CVF International Conference on Computer Vision,Seoul：IEEE,2019：8160-8171.

[116] Maturana D, Scherer S. VoxNet：A 3D Convolutional Neural Network for real-time object recognition[C]. 2015 IEEE/RSJ International Conference on Intelligent Robots and Systems (IROS),2015,Hamburg,Germany,pp：922-928.

[117] Dai A, Qi C R, Niebner M. Shape Completion Using 3D-Encoder-Predictor CNNs and Shape Synthesis[C]. 2017 IEEE Conference on Computer Vision and Pattern Recognition (CVPR), 2017,pp：6545-6554.

[118] Yuan W, Khot T, D. Held, et al. PCN：Point Completion Network[C]. 2018 International Conference on 3D Vision (3DV),2018,Verona,Italy,pp：728-737.

[119] Chen J,Yi J S K,Kahoush M,et al. Point Cloud Scene Completion of Obstructed Building Facades with Generative Adversarial Inpainting[J]. Sensors,2020,20(18)：5029-1-5029-27.

[120] Fan H,Su H,Guibas L J. A Point Set Generation Network for 3D Object Reconstruction from a Single Image[C]. Proceedings of the IEEE Conference on Computer Vision and Pattern Recognition,Honolulu：IEEE,2017,pp：605-613.

[121] Wang Y, Sun Y, Liu Z, et al. Dynamic Graph CNN for Learning on Point Clouds[J]. ACM Transactions On Graphics,2019,38(5)：1-12.

[122] Guennebaud G,Gross M. Algebraic Point Set Surfaces[J]. ACM Transactions on Graphics,2007, 26(3)：23-1-23-9.

[123] Öztireli A C,Guennebaud G,Gross M. Feature Preserving Point Set Surfaces Based on Non-linear Kernel Regression[J]. Computer Graphics Forum,2009,28(2)：493-501.

[124] Huang H,Wu S,Gong M,et al. Edge-aware Point Set Resampling[J]. ACM Transactions on Graphics,2013,32(1)：1-12.

[125] Mattei E,Castrodad A. Point Cloud Denoising Via Moving RPCA[J]. Computer Graphics Forum, 2017,36(8)：123-137.

[126] 李松,马聪聪,陆帆,等.基于多向波前法的岛屿孔洞修补[J].中国机械工程,2019,30(20)：2473-2479.

[127] 林志浩.多投影几何与色彩校正关键技术研究与应用[D].杭州：浙江大学,2017.

[128] Sarbolandi H,Lefloch D,Kolb A. Kinect range Sensing：Structured-Light versus Time-of-Flight Kinect[J]. Computer Vision and Image Understanding,2015,139(10)：1-20.

[129] 童晶.基于深度相机的三维物体与人体扫描重建[D].杭州：浙江大学,2012.

[130] Zhang Z Y. Flexible Camera Calibration by Viewing a Plane from Unknown Orientations[C]. Seventh IEEE International Conference on Computer Vision,Corfu：IEEE,1999,pp：666-673.

[131] 杨帆.可估量曲面的自主感知与多投影校正技术研究[D].长春:长春理工大学,2018.

[132] Nakamura Y,Hashimoto N. Simple and Accurate Geometric Correction with Multiple Projectors [C]. Proceedings of SIGGRAPH(SIGGRAPH 2017),New York,NY：ACM,2017,pp：86-87.

[133] Park J,Lee B U. Defocus and Geometric Distortion Correction for Projected Images on a Curved Surface[J]. Applied Optics,2016,55(4)：896-902.

[134] Costa P,Galdran A,Meyer M I,et al. Towards Adversarial Retinal Image Synthesis[J]. IEEE Transactions on Medical Imaging,2018,37(3)：781-791.

[135] Zeng Z,Xie W,Zhang Y,et al. RIC-Unet：An Improved Neural Network Based on Unet for Nuclei Segmentation in Histology Images[J]. IEEE Access,2019,7(1)：21420-21428.

[136] 梁杰,李磊,任君,等.基于深度学习的红外图像遮挡干扰检测方法[J].兵工学报,2019,40(07):1401-1410.

[137] Bellavia F, Colombo C. Dissecting and Reassembling Color Correction Algorithms for Image Stitching[J]. IEEE Transactions on Image Processing,2018,27(2):735-748.

[138] Huang TH, Wang TC, Chen HH. Radiometric Compensation of Images Projected on Non-White Surfaces by Exploiting Chromatic Adaptation and Perceptual Anchoring[J]. IEEE Transactions on Image Processing,2016,26(1):147-159.

[139] Grundhofer A. Practical Non-linear Photometric Projector Compensation[C]. IEEE Conference on Computer Vision and Pattern Recognition Workshops,2013,Portland,OR,pp:24-929.

[140] Isola P, Zhu J Y, Zhou T H, et al. Image-to-image Translation with Conditional Adversarial Networks[C]. Proceedings of the IEEE Conference on Computer Vision and Pattern Recognition, 2017,Los Alamitos,pp:5967-5976.

[141] 刘哲良,朱玮,袁梓洋.结合全卷积网络与CycleGAN的图像实例风格迁移[J].中国图像图形学报,2019,24(08):1283-1291.

[142] 杜振龙,沈海洋,宋国美,等.基于改进CycleGAN的图像风格迁移[J].光学精密工程,2019,27(08):1836-1844.

[143] Huang B, Ling H. End-to-end Projector Photometric Compensation[C]. IEEE/CVF Conference on Computer Vision and Pattern Recognition (CVPR),2019,Long Beach,CA,USA,pp :6803-6812.

[144] Ren S, He K, Girshick R, et al. Faster R-NN: Towards Realtime Object Detection with Region Proposal Networks[J]. IEEE transactions on pattern analysis and machine intelligence, 2017, 39(6):1137-1149.

[145] Huang B, Ling H. CompenNet++: End-to-End Full Projector Compensation[C]. 2019 IEEE/CVF International Conference on Computer Vision (ICCV), Seoul, 2019, Korea (South), pp: 7164-7173.

[146] Brill M H. How the CIE 1931 Color-matching Functions Were Derived from Wright-Guild Data [J]. Color Research & Application,1998,23(4):11-23.

[147] János S. CIE Colorimetry[M]. New York: John Wiley & Sons,Ltd,2007.